马面裙风波

董宁丽　张恒畅　著

浙江科学技术出版社·杭州

图书在版编目（CIP）数据

马面裙风波 / 董宁丽, 张恒畅著. -- 杭州 : 浙江科学技术出版社, 2024.5

（神奇博物馆）

ISBN 978-7-5739-1214-5

Ⅰ. ①马… Ⅱ. ①董… ②张… Ⅲ. ①服饰—中国—古代—儿童读物 Ⅳ. ①TS941.742.2-49

中国国家版本馆CIP数据核字(2024)第092849号

丛书名　神奇博物馆

书　名　马面裙风波

著　者　董宁丽　张恒畅

出版发行　浙江科学技术出版社

杭州市拱墅区环城北路 177 号　邮政编码：310006

办公室电话：0571-85152486

销售部电话：0571-85176040

排　　版　杭州真凯文化艺术有限公司

印　　刷　浙江新华数码印务有限公司

经　　销　全国各地新华书店

开　　本	880mm × 1230mm　1/32	印　　张	5.5
字　　数	51 千字		
版　　次	2024 年 5 月第 1 版	印　　次	2024 年 5 月第 1 次印刷
书　　号	ISBN 978-7-5739-1214-5	定　　价	25.00 元

策划编辑	张祝娟	责任编辑	方　晴
责任美编	金　晖	封面设计	李广宇
责任校对	李亚学	责任印务	叶文炀
插　　图	李广宇		

亲爱的宝贝，

送你一座掌上博物馆，

愿你的童年充满欢乐、知识和奇幻！

时空穿越小分队

亲爱的小朋友，读了这本书后，你最喜欢谁？请为他们画一幅画像吧！

立正！小妙、小奇、慕华还有杰瑞前来报到！

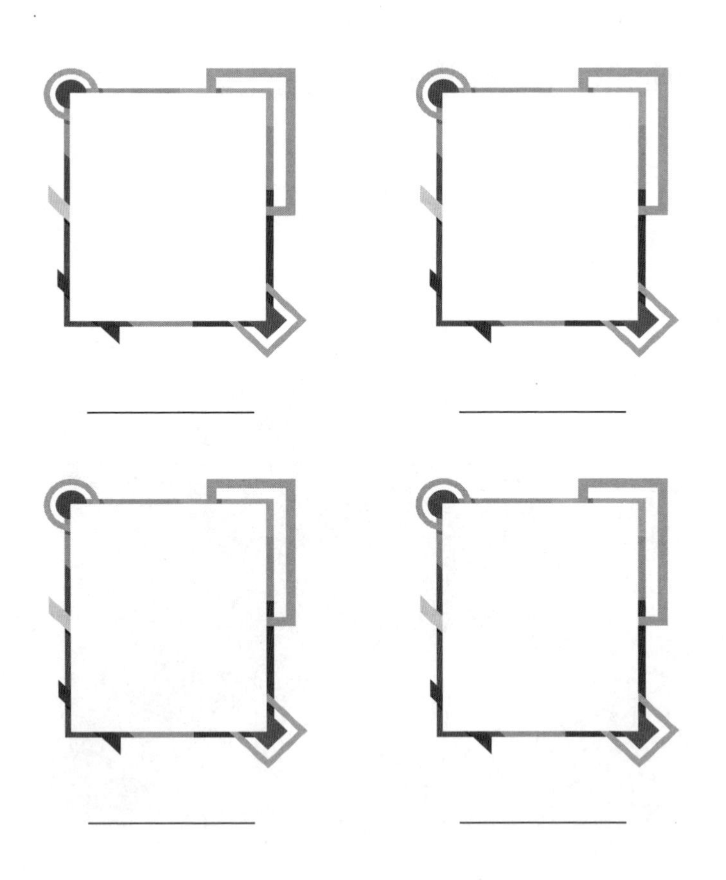

新时空的加入者

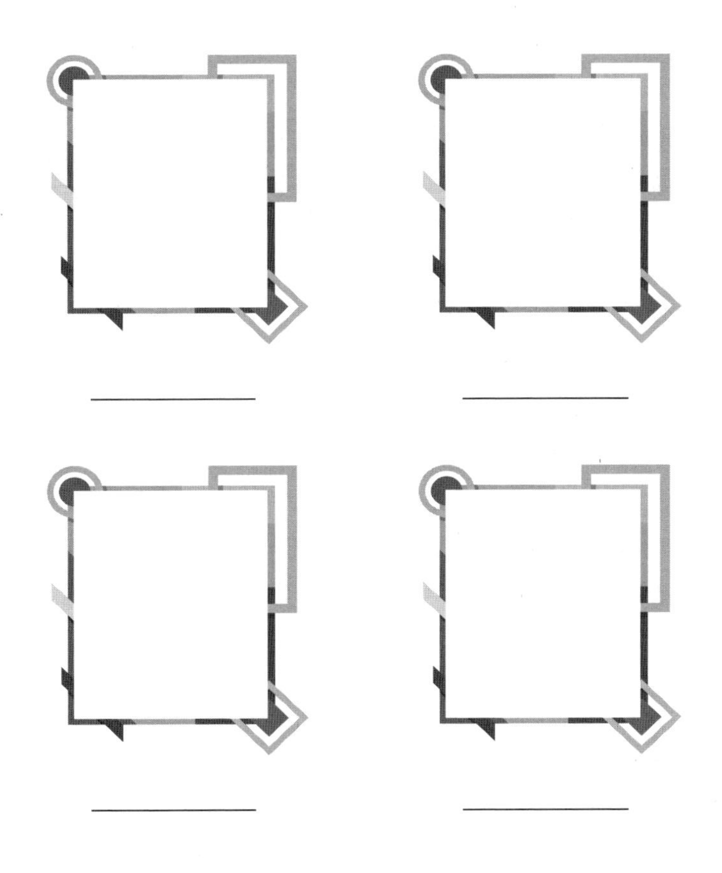

稍息！不管你们在书中表现如何，我们都代表神奇博物馆欢迎你！

目录

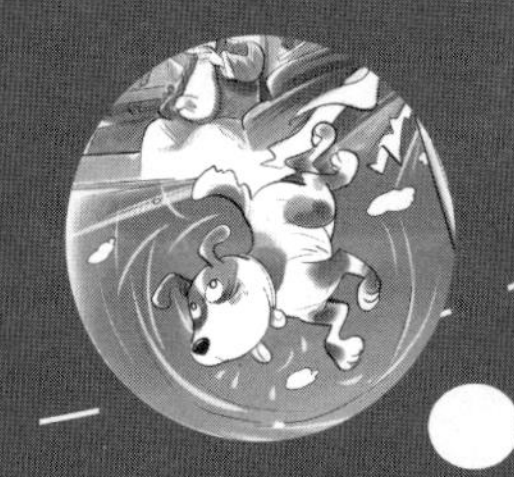

引　子

清晨，阳光初现，天地微明，窗外早起的鸟儿偶有掠过，轻轻的几声叫唤似乎想叫醒还在酣眠的小朋友，却又怕惊扰了他们的美梦。可是，就是这点点鸟鸣，恰就惊醒了慕华。话说，慕华不是一个觉轻的孩子，平时睡起觉来也是“呼噜”有声，可昨天她得了一本杂志，本想晚上好好看一下，偏偏双胞胎妈妈严格奉行早睡早起的好习惯，早早地熄了灯。

心里装着事，慕华这一夜睡得不

踏实。

慕华窸窸窣窣地起来，掏出压在枕头底下的杂志，借着窗帘缝隙里透出的些许微光，如饥似渴地翻阅起来。只见，册子里印着一些漂亮的模特小姐姐，她们身穿华服，或优雅高贵，或俏皮可爱，慕华忍不住啧啧称好，自言自语道："要是我能拥有一件该多好啊！"同住一室的王小妙被慕华的响动吵醒，蒙眬着双眼说："你这一大早的，干什么呢？""我在看杂志，你看这裙子真是美极了！"说罢，慕华就抱着杂志钻进了王小妙的被窝。王小妙瞟了一眼杂志，糊着嗓子道："这裙子我知道，叫马面裙，不稀奇！"

"什么？马面裙？从未听说过。"

"那我可要好好和你说道说道！"小

妙见慕华感兴趣，迫不及待想要给她科普一下中华传统服饰。“在宋代，女子为了方便骑马、骑驴，设计了一种开胯之裙——旋裙，它们由两片面积相等、彼此独立的裙裾合成。做裙时，两扇裙片被部分地叠合在一起，再缝连到裙腰上。这种裙子慢慢发展到了明代，逐渐演变成了马面裙。据说在成化年间，京城里的女性人手一条。到了清代，汉族女子以此裙为日常穿着，马面之美蔚然成风！”

小妙见慕华听得入迷，脑海中灵光一闪，突然惊喜道：“慕华，想不想看看真正的马面裙？”

“那肯定想呀？去哪里看？是百货商店吗？”

“不不不，我想让你看看博物馆

里的。”

“还有展览裙子的博物馆？”

“当然，我们这儿的丝绸博物馆里的漂亮裙子可多了！”

“耶……”

两个小姑娘有了一致的行动目标，动作异常麻利。可刚一打开房门，杰瑞居然不偏不倚端坐在门口，眼神坚定，嘴里叼着王小妙的公交卡。王小妙一看这架势，便猜得三四分，说：“你是不是知道我俩要出去？”

杰瑞点点头，不松口。

“那你是不是知道我俩要去看什么？”

杰瑞继续点头，依旧不松口。

“既然知道，你还要去？”

杰瑞还是点头，始终不松口。

看着固执的杰瑞，小妙和慕华也只能让步，“行行行，带上我们的小杰瑞！”

杰瑞嘴一松，随着公交卡的掉落，嘴角咧开满意的微笑。

“Let's go！”

“杰瑞，快跳进来！”小妙打开自己的书包，可杰瑞一动不动，呜呜地叫了几声便咬着小妙的裤腿往回拉。

“这是怎么了？不是想和我们一起去吗？”

“也许，它想叫上小奇？”慕华胡乱猜测。

“看裙子还要叫上小奇？杰瑞，你是这么想的？”

杰瑞赶忙松了裤腿点头。

“杰瑞啊，不是我们不叫小奇，你明明知道我们今天要去看什么东西，我想哪怕就是叫上他，他也不乐意呢！”

杰瑞转身冲向王小奇的房间，使劲儿一跳，拉开门把手，两步三跳直上小奇的床，对着还在睡觉的小奇一阵狂吠。小奇经这一折腾，勉强睁开眼，没好气道：“讨厌！一大早这是干什么呢？”

“我们今天要去看裙子，杰瑞一定要你一起呢！”慕华道。

“什么？看裙子？”小奇气不打一处来，“我这样的大侦探，怎么可能和你们这些小女子婆婆妈妈地看裙子！杰瑞，你真是太不了解我了，我表示很伤心，而且我劝你也不要去！”说罢，蒙上被子就想继续睡。

“杰瑞，你看，我说得没错吧！”王小妙道，“要么你和我们一起去，要么就待在家里……”

哪知杰瑞还没等到小妙说完，一咕噜钻进小奇的被窝。只见被窝里一阵扭动，颇有点翻江倒海的架势，而且闷闷地传来几声“讨厌，走开……”小妙道：“我看杰瑞怕是要白费劲儿了！”可不想，被窝忽然平静，伴随“啊”的一声，小奇掀开被子，一跃而出，叫道：“我也要看裙子！”

面对这一百八十度的转变，小妙和慕华都惊呆了：“Are you sure？”

“Sure，非常sure！”

这是怎么回事啊？

回到杰瑞钻进被窝的那阵“翻江倒海”。

起初，杰瑞用舌头舔了舔小奇的脸，可是这种小狗的惯用伎俩对于还想着睡觉的小奇，真是一点儿用也没有。小奇一把推开杰瑞，把脸埋到枕头底下，杰瑞不死心，又跳到王小奇的脚上，强忍内心的不快，恨恨地舔了舔王小奇的脚心。小奇吃不住痒，双脚一缩，把自己团成一只球，自以为再无破绽，可这样的姿势实在不舒服，没坚持多久，小奇只得缴械投降，四仰八叉，舒坦舒坦。杰瑞趁机跳到小奇脸上，把自己挂着的那块玉坠在小奇眼皮上一蹭，那一抹带着温度的摩擦，犹如一针强心剂让小奇瞬间清醒：要知道这玉坠平时藏在杰瑞胸口的绒毛里，不要说触碰了，连看上一眼都难。这时候，杰瑞主动出示，凭着大侦探的敏感，小奇顿时明白

杰瑞要自己去看裙子一定有事。

“赶紧的，别磨蹭了，出发！”才跳出被窝的王小奇催促起来。

小妙和慕华相视一笑，“好好好，马上拔营出发！”

杰瑞则早已跳进小妙的书包。

第一章　略显尴尬的出师

中国丝绸博物馆，依山而建，环境十分清幽，门口硕大的展示牌显示正在举办一场华服展。

“慕华，你不是喜欢漂亮衣服吗？我们这次可以一览而尽了！”王小妙道。

“对对对，我喜欢漂亮衣服，可是什么是一览而尽？”

“一览而尽是一个成语，指的是一看就全部看到了，十分尽兴。”

“噢噢……这么说，那之前你教我的

那个……那个……A feast for the eyes……大饱……饱眼福，是不是也能用？”

“Bingo，孺子继续可教也，哈哈哈哈哈哈哈哈哈！”

慕华刚因自己竟然能用对成语而沾沾自喜，却瞬间被小妙的一句成语活用弄蒙了。她正欲打破砂锅问到底，目光却被海报中一件淡绿色绣花装饰的，肩部有一片米白色、两角微微上翘的衣服吸引，问题到了嘴边就成了：“小妙，那件是连衣裙还是上衣？好漂亮呀！”

女孩子们叽叽喳喳聊着关于衣服的话题，跟在后头的小奇则东张西望，时不时蹲下身来摸摸展柜的四周，甚至还掏出随身携带的放大镜检查展柜的锁眼、开关，警惕异常。可是“大侦探”的仔细观察，

除了引来保安的注意，啥也没有发现。

“这位小朋友，你跟我过来一下。”保安叔叔来到小奇身边。

“我？”小奇顿时慌了神。

“对，就是你。”

小奇老老实实跟着保安来到一个僻静的角落，只见保安叔叔说：“请你出示一下证件！”

小奇一边乖乖掏出自己的学生证，一边还轻声抗议：“我啥也没做啊！”

“请不要说话，我自有判断！”

保安仔细辨认查看，见小奇就是一个普通的小学生，便说：“我观察你好一会儿了，你进展馆后，一直没有看展览，倒是对各种犄角旮旯特别感兴趣，这是怎么回事？是不是想搞破坏？你的家长呢？”

“这……”小奇瞬间语塞。

见小奇说不出个所以然，保安想阻止小奇的参观，请他离馆，幸好小妙看到这一幕，赶忙跑了过来，说：“保安叔叔好，我是他的姐姐。今天我带着我们的国际友人来参观，她对中国文化非常感兴趣。因为我的弟弟最近痴迷福尔摩斯，又为了保护好我们这位国际友人，就有点神神叨叨，请叔叔原谅！”

慕华也道：“小妙说得没错，小奇是为了保护我呢！”

“哟哟哟，这小姑娘中文真不错，你是哪儿来的？”

“美国。”慕华还掏出自己的护照。

保安见大家如此，也不多说什么，只是提醒王小奇好好看展，别想入非非。

“出师未捷身先死”。小奇蔫头耷脑，偏偏此时藏在小妙书包里的杰瑞探出毛茸茸的小脑袋，对着小奇咧嘴一笑，笑容里满是嘲弄，气得小奇真想把它一把揪出来好好教训一下，可是又怕保安再次找上门来。那个急啊，气啊，懊恼啊，统统涌上心头，再看看女孩子们对着衣服没完没了地探讨评论，让他这个大男人真是忍无可忍，便说：“我不看了，我要回家。”

“我们还没看马面裙呢，你就想回去？”王小妙问。

“啥？马面裙？”小奇哪知道什么马面裙，“裙子上绣马脸？这样的裙子会好看？你们想什么呢？可拉倒吧！我不管，我要走了！”

“说你没文化，你还不信，马面裙是

我们一种传统服饰，慕华没见过，我今天就是要带她一探究竟！”

“你倒是和我仔细说说啊！”

王小奇也不知道什么是马面裙，但想着来都来了，自己也要见识见识：“我不回家了，我要带慕华去看看，好好看看！”

小妙和慕华见状，哈哈一笑。

“走，看马面裙去！”

第二章　裙子初相识

作为极具中国特色的马面裙，博物馆有一间专门的展厅，从马面裙的制式历史讲起，再到实物展示，像一篇起承转合的好文章，让人彻彻底底地了解马面裙。马面裙前后里外共四个裙门，两两重合，俗称“马面”，外裙门有绣花等装饰，内裙门则较简素，裙子侧面打裥，裙腰上有孔，用绳或钮固结。马面裙起源于宋代的旋裙，在明代开始流行，成为上至国母、下至黎民的日常服饰。在清代，马面裙更

是快速发展衍生出侧裥式、襕干式、凤尾式等形制类别，成为清代女子的标志性裙式。直至五四运动后，西方女装样式随着“自由”“民主”的思想一同涌入旧社会，马面裙才渐渐淡出了国人的视线。这次华服展，展览了十多件明清马面裙的原件，每一件都配有非常细致的说明，特别是裙子上的绣花，寓意丰富。这可把慕华稀奇坏了，无奈她中文虽说得还算流利，汉字却认识得不多，只能让小妙给自己讲解。

“我看到好几件裙子上都绣着石榴，这是为什么？”

“中国人认为多子多福，石榴的籽儿特别多，象征着子孙延绵，家族昌盛。”

“那蝙蝠呢？在我们那儿，蝙蝠常常

和吸血鬼联系在一起，我想你们这儿肯定不是这么想的。”

“对，你说得对。在中文里，蝙蝠的‘蝠’和福气的‘福’同音，我们常常用五只蝙蝠表示五福临门。你可以数数看，这条裙子上是不是绣着五只蝙蝠。”

“一、二……五。”慕华仔细一数，“嘿，还真是呢！”

“在中国，很多器物的装饰都会用到蝙蝠，比如瓷器，比如建筑，你以后遇到，就会明白了！”

“小妙，真是太感谢你了，我在故宫的时候是看到过一只花瓶，上面就有蝙蝠，那时候很纳闷，问了我爸爸，他也搞不明白。等这次回国，我必须给他也好好地讲解讲解。”

“是啊，中国的历史悠久，很多图案、造型都有特定的含义，你就慢慢地解密吧！”

王小妙的“解密”二字，就像电流一样“击穿”王小奇，虽然一点儿也不知道王小妙和慕华在说点什么，可是只要有这个字眼儿出现，王小奇必须打破砂锅问到底。

“你们要干什么？是不是有什么秘密瞒着我？”

“哎哟，我们哪有什么秘密，不过是和慕华讲了讲中国传统纹样的寓意，你不要神经太紧绷哦！”

“我不是神经紧绷，我是细致入微，你们这些人一点儿做侦探的潜质都没有……”王小奇边说边想要溜达开去。

这时，刚刚对寓意有点概念的慕华看到了马面裙的裙腰多用白布，便问：“我知道中国人喜欢喜庆的色彩，为什么这里要用白色？”

“慕华，你可真傻，腰这儿是贴着身体的，用白色肯定是为了方便检查卫生啊，你看我的背心，是不是都是白色的？”王小奇道。

“小奇，你可不要误导慕华，这里用了白色也是有寓意的。这种裙子制作工艺非常复杂，很多时候是用来作女孩的嫁衣，在裙子的最上面，也就是头上用了白色，你能想到什么词吗？”王小妙道。

“嫁衣……白在头上……”

“白头偕老！”王小奇和慕华齐声道。

“Yes！慕华，你真聪明！小奇，你也解密成功了！”

慕华见自己回答正确，高兴极了，拉着王小妙道：“这样的秘密还有吗？我还想解！”

“当然有了，我们有五千年历史呢！”

王小奇也十分高兴，可是转念一想，自己居然沦为和一个外国小孩解这样的秘密，不觉悻悻：“唉！”

慕华和王小妙兴致勃勃地在一个个展柜前流连，不时赞叹，不时议论，倒把王小奇无趣到不知如何是好。一想到自己本来睡得好好的，偏偏被杰瑞“哄骗”来看裙子，结果被保安乌龙，还在慕华面前丢了脸，便想要把杰瑞从王小妙的包里抓出来“严刑拷打”。哪知，他刚走到王小妙身后，杰瑞就未卜先知，探出身来，用异常凛冽的眼神盯着王小奇，而且胸前的玉坠再次出现。

虽然没有一点动作，可是那种凛冽就像千年寒冰，瞬间石化了王小奇！

“小妙，你来，你看这里的绣线怎么不一样啊？似乎有一种金属光泽？”慕华问。王小妙仔细一看，说：“你说得对，这就是一种金属线，将黄金和白银制作成线，然后进行刺绣！”

“我的天哪！好神奇，好奢侈啊！”

“那当然！”

“都说现在的这些大牌奢侈，我看和你们古人的奢侈比起来，真是不堪一击啊！”慕华由衷感叹。

“欢迎了解中国！”小妙道。

“必须的！”

“慕华，我记得前面有一个放映厅，专门播放关于金银线工艺的纪录片，我们一起去看看吧！”

“好呀，好呀！”

“王小奇，你待着一动不动是干什么呢？”

一经提醒，王小奇回过神来，奇怪自己这是怎么了，可是，脚步却不由分说地跟着王小妙、慕华往前走起来。

临近中午，放映厅里空无一人，三人并排坐下，充满磁性的男低音旁白适时响起：“金线，一种贵重的纺织材料，最早在隋唐史中有明确记载。据《隋书》所载，隋初巧匠何稠所做金线锦袍就远胜波斯国进献之物。到了唐代，织金技术进一步发展，唐明皇与杨贵妃于华清池沐浴后所着便是金乌锦袍，也难怪‘六宫粉黛无颜色’。至唐文宗，民间富裕之人也开始穿类似的锦袍，其技艺发达，可见一斑。元代以后，织金锦的技艺更上一层楼。故宫博物院所藏的红地龟背团龙凤纹纳石失佛衣披肩，披肩由织金灵鹫纹锦、织金团花龙凤龟子纹锦、织金缠枝宝相花锦三种不同的织金锦拼缝而成，金线粗，花纹覆盖面大，犹显奢侈明艳，雍容华贵。在明清时期，更是产生了一种‘遍地金’的锦缎风气，通件金光闪闪华贵异常。”

“金线制作过程主要分为三步：

褙金——准备好浸水湿后的竹制纸，刷上鱼胶，裱成双层，然后粘贴上金箔。

研光——在野梨木板上用玛瑙石对纸

金箔碾磨，使其紧密光亮。

切箔——根据织物不同粗细的要求，将研光后的金箔切成0.2至0.5毫米宽的片金线。将片金线旋绕于芯线的外表，即可制成捻金线。”

“咱老祖宗还真是有钱，真金白银就这么穿在身上。”王小奇打着哈欠，感叹道。

“这金线的制作还真是麻烦啊！”王小妙也忍不住一边说一边打起了哈欠。

也许是一上午的参观累着了，也许是放映厅的椅子太舒服了，三人看着看着就都默契地闭上了眼睛，伴着金线制作的介绍声，酣然入睡。

第三章　江宁织造府

“大胆贱婢，竟然在这里偷懒！”

三人不知睡了多久，被突如其来的叫骂声惊醒，睁开眼一瞧，这哪还是放映厅啊，屁股底下柔软舒适的座椅变成了冰冷的石板，眼前环绕式屏幕变成了一座全是木条和线、绳的庞大机器，不远处的门口站着个人，逆着光，看不清表情，但能明显感觉到来者不善。慕华还没彻底清醒过来，揉着眼睛，口齿不清地说道：“这……这个纪录片……还有4D的part吗？”

王小妙反应最快，急忙辩解道："尔尔尔等不敢，大人有何吩咐？"

门口的人冷哼了一声，不耐烦地说："真是没规矩。你们甘姑娘呢？老爷要见她。"

"甘姑娘？我们……实在不知。"对方没头没尾的问话让三人本就不清醒的脑袋更加迷惑了。

"不知道！依我说，得先揭了你们的皮，你们才学得会当差。"那人声音陡然提高了八度，听得三人心脏狂跳，大脑却一片迷茫。"既这样，你们就去见老爷吧，让老爷亲自发落。"

三人不敢反抗，只得慢吞吞地站起来，紧紧攥着彼此的衣袖，一步一步蹭到门边。那婆子看见三人都是生面孔，虽身量尚小但服装怪异，其中还有一个甚至长了一头黄发，面容也异于常人，不禁心下一惊，忙嚷道："来人！把这三个犯嫌的人捆起来丢到马房去，看仔细了，待我回报了老爷再发落。"一旁小丫头嗬吧了一声，跑去叫来了几个粗壮的妇人，不由分说就将三人塞上嘴，捆了个结结实实。那个婆子一边匆匆地离开一边念叨着："我就说那个姓甘的不是好货，青天白日招来这群呆头鹅，当真是晦气。"

三个人被推推搡搡穿过好几扇门，走过横七竖八好多条甬道，最后被扔进一间脏兮兮、黑漆漆的小房子里，"嘎吱"一声，房门被用力地关了起来。三个人在昏暗的光线里你看看我，我看看你，一切都像开了二倍速，太快了，明明刚才还在放

映厅里有点迷糊，醒来就来到了这个莫名其妙的地方，还被不由分说地囚禁。一直躲在王小妙双肩包里的杰瑞一声不吭，那些妇人根本没发现它，待妇人走远，杰瑞挣扎着从包里钻了出来，一个个衔开塞在三人嘴里的破布。王小奇长舒一口气，冲着王小妙和慕华问道："这是哪里？我们怎么就成呆头鹅了？"想起之前的奇幻经历，王小奇摸摸鼻子，又补了一句："这是什么年代？"

慕华和王小妙还没从突如其来的惊吓中缓过神来，喘着气，没好气地说："你问我，我问谁？"正当三人要开始拌嘴时，屋子另一边传来一个平静的声音："这里是江宁织造府！"

三人被吓得同时闭上了嘴，循声看

去，是个和他们一样被捆着的女孩，借着小窗户里透出的半缕阳光，依稀能辨别出这女孩是清朝人的装扮。

“江宁织造？这，这，这不就是曹雪芹的家吗？”慕华一脸兴奋，她在美国的孔子学院听人讲过《红楼梦》，对明艳泼辣、聪明能干的王熙凤喜欢得不得了，对书本后四十回的遗失深感惋惜，现在这送上门的好机会她怎能放过，赶紧问：“我们是不是能去问问曹雪芹，他后四十回到底写了什么？凤奶奶究竟是个什么结局？”王小妙也是个红楼迷，对里面的填词作诗、酒令连句喜欢得紧，听到这也两眼放光，“对对对，再问问那些个判词都是作何解。还有，还有，林妹妹焚稿断痴情是他的原意吗？”然而，那女孩却用她那如

山涧潺潺般悦耳动听的嗓音给二人浇了一盆冰凉刺骨的冷水："织造员外郎大人确是曹姓，子侄中并无名雪芹者。"

一句话让王小妙和慕华顿时偃旗息鼓，咬着嘴唇痛恨自己来错了时间。这次，王小奇和杰瑞难得统一了战线，用看傻子的眼神看着那两个"追星少女"，努力挤出一个自认为最纯洁无瑕的微笑，朝清朝女孩问："那两个人尽说胡话，姑娘不要见怪。敢问姑娘是什么人？为什么也被关在这里？"

那女孩目光突然冷了下去，狐疑地上下打量王小奇，不再言语。杰瑞见状，赶紧跑到女孩身边，蹭着她的脚，尾巴摇成一朵盛开的蒲公英，用黑溜溜的大眼睛直勾勾地看着女孩，吐出舌头不住地卖萌。

看着小狗人畜无害的可怜样儿，女孩的表情略微有些松动，王小奇赶紧赔笑："我们的来历太复杂了，三言两语解释不清。你可以理解成我们做了个梦，醒来就在这江宁织造府中，就被抓到这里，对这个世界一无所知，更不知道我们卷入了什么事件。你可否把你了解的情况告诉我们，我们一起商量个逃出去的办法。"

女孩沉思了片刻，觉得眼前的三个怪人并无恶意，心想：当下，自己深陷混沌，并无良策逃离泥潭，不妨死马当活马医，万一有生机也是极好的。便缓缓开口道："我叫碧云，是甘姑娘身边的丫鬟，同姑娘一样，是南方人。听说是京中有位铁帽子王爷的侧福晋要过生辰，那位王爷与当今圣上颇为亲近，那位侧福晋又受王爷

宠爱，江宁府自然要好好巴结。侧福晋是汉人，便预备着做一件石青妆缎万字盘带修边鱼鳞褶马面裙为贺礼之一，还特意去南方寻找钉金绣的名匠来绣菊花贺寿。我们姑娘的绣工在南方是一绝，受东南王的推荐，便被请了过来。现在裙子只差最后一个裙门便可完工，但今天清晨，姑娘一个人出去了，一直未归，晌午时分，又吵着说金线丢了，管事的大娘找不到姑娘也寻不着线，又怕担责，就把我关在这里，说等老爷忙完公务亲自审问。”

听到这里，王小奇不觉热血沸腾，寻人寻物可是一个“侦探”的基本功，是时候展现真正的实力了。王小奇摩拳擦掌，准备大干一番。就在这时，房门开了，进来一群仆妇粗暴地将三人拽出去，领着他们穿过层层院落，碧云也跟在后面。来到一间大厅，已有几个女子跪在地上，呜呜咽咽，四人也被按着跪下。三人大着胆子抬头瞟了一眼四周，大厅宽敞气派，顶头高悬着匾额，写着“勤政堂”三个磅礴大字。当中坐着位穿官服的中年男子，应该就是织造员外郎，皱着眉头，面皮紫胀，想必正在生气。三人偷偷交换了一个三分好奇七分恐惧的眼神，便低下头去，尽量缩小自己的存在。

员外郎大人首先将矛头对准了和甘姑娘最亲近的碧云，厉声问道：“你们主子光天化日，携财私逃，误本官大事，居心叵测，定当重罚，限你如实招来，尚可宽恕！”碧云出人意料地并没有被员外郎大人气势汹汹的官话吓住。她虽跪着，脊背却挺得笔直，高昂着头，声音不大却冷静坚定："姑娘昨夜说南方有亲故来，有要紧话要见她当面说，姑娘怕耽误工作一早就去了，想来还是被绊住了，姑娘回来自然会向老爷请罪。老爷说的携财私逃，姑娘万万担当不起，老爷若不信，可以去检查姑娘的妆奁箱柜，首饰金银都还原封不动地在里面。奴婢所说句句属实，还望老爷明鉴。"

员外郎大人显然不完全相信碧云的话，再及碧云语气平淡，不卑不亢，火气又添了几分。但听到"南方有亲故"，心下自思东南王的人织造府也不敢十分得罪，况且眼下人赃俱无，发落了碧云会惹人笑话，只能强忍怒火，调转矛头，向王小奇、王小妙和慕华三人喝道："你们是什么人？为何本官从未见过？这起荒唐古怪样儿，肯定是贼！速速交出金线，本官还可饶你们一命。”三人被这阵仗吓呆了，只能不停地摇头，不知道要如何辩解，好半天，还是慕华率先开口：“大人，我们……我们什么也不知道，我们出现在这里全是意外……意外，请放了我们吧。”话音未落，只听“啪”的一声，织造员外郎一巴掌拍在条案上，一旁的婆子赶忙上前，给了慕华一个耳刮子，一边骂：“小东西，敢在老爷跟前耍嘴皮子！”回头看了看老爷的面色，又补了一句，“带下去，到二门上各打四十板子再问话！”

慕华被打倒在地，白皙的皮肤上清晰地印着一个掌印，眼眶登时红了，大大的蓝眼睛里充斥着委屈和不解的泪光。王小奇平生最见不得别人欺负弱小，眼看同伴莫名被打，大家也要无故挨板子，不觉气血上涌，一个打挺站起来，盯着织造员外郎，用他最冰冷、最深沉的声音反驳道："大人明鉴，一则我等确不知情，二则当务之急是找回金线，不如让我们尝试一回，若不成，再处置不迟。"

织造员外郎斜睨着眼，上下打量王小奇，冷哼了一声："区区黄口小儿，本官凭什么相信？"王小奇不甘示弱，回答道："大人上午应该是处理了不少文书，然后骑马回府的，路上还被一辆从左边来的马车冲撞了。哦对了，大人想必是日理万机，午饭都还来不及用，只是匆匆吃了一些糕点。我说得没错吧？"看着员外郎大人的脸上阴晴不定，王小奇越来越心虚，声音也开始微微发颤。

织造员外郎听完，仔仔细细端详了一遍王小奇，将信将疑地问："你在跟踪本官？"语气却和善了不少。

王小奇见状，知道自己说对了，赶紧"乘胜追击"："我们一到织造府就被关了起来，抓我们的管家大娘和同我们关在一起的碧云姑娘都可以作证，我们没有机会跟踪大人。至于我为什么知道大人的行踪……"王小奇挑了挑眉，"通过简单的观察和推理就可以知道。大人右手的小指和左手的拇指食指上都有墨迹，是翻阅文件和写字时沾到的。外面的地砖还是湿的，今天清晨应该下过雨，而大人的鞋子并没有沾到泥，可以看出是骑马回府的。但是大人左侧衣襟上有几处细长形的泥斑，泥

还没有完全干，想来是不久前被冒失的马车溅上的。此外，恕我冒昧，大人的胡须上还残留了一些糕点的碎屑，如此匆忙，想来是没时间吃饭的。”王小奇越说越起劲，有种自己把整条街的智商都拉高的成就感，“大人，我的偶像夏洛克福尔摩斯有句名言‘无论多么天衣无缝的犯罪，只要是人做的，就没有解不开的道理’，我想只要通过细致的观察和周密的推理，金线很快就可以失而复得。”

平日里这位连总督见了都客客气气的织造员外郎大人，此刻被一个不知道哪里来的小孩说得一愣一愣，好半天才缓过神来，讷讷地吩咐道：“既如此，本官暂且相信你们。来人，给他们松绑，找个机灵的小子陪着，去绣房里看看。”

第四章　首战告捷

一众管家婆子听得老爷吩咐，赶紧上来七手八脚地给三人和碧云松绑，同时去二门上把一个名唤阿满的年轻小厮叫了进来。一行人从移门出去，浩浩荡荡到了一个两进三开间的小院子。院子不大，但清新雅致，小小几间房舍，皆是粉墙黛瓦，东南角上种了一棵水桶粗细的梧桐树，刚入秋，叶还未黄，在午后燥热的阳光中投下浓浓一片绿荫，地上清一色的水磨地砖，西侧有一扇临街的小角门。进入室内，三人一眼就认出了那台怪模怪样的机器，赶忙拉着碧云问。碧云皱了皱眉，仿佛这是一个很愚蠢的问题，但还是耐心地解释道："这是大花楼提花织机，织云锦用的。云锦的织造有画稿、挑花结本、准备各色丝线和金银线、造机、织造这五步，这个机子是最后一步。这匹云锦要同裙子一起送往京城，让王府的人裁了上衣与裙子相配，因而放在这里，让我们姑娘看顾。"碧云说着，用下巴指了指边上一台挂满五颜六色丝线的勉强称得上机器的东西："喏，这台是挑花架，我们姑娘极擅作画，颜色搭配得极好，这分场分色少不了她帮忙。"说起甘姑娘，碧云的眼底是化不开的骄傲。

三人似懂非懂，一心记挂着金线，没

太在意碧云的“云锦科普”和甘姑娘的光辉事迹。再往里走，是个红木雕花绣架，碧云解释说这个是姑娘从南边带来的，珍爱异常。走近细看，只见那件裙子还绷在架子上，一朵宝莲灯形的菊花才绣了小半，但其华贵精美可见一斑。绣架上插着一根绣花针，针上还挂着一缕几寸长的金线，很明显，架子上原来的整卷的金线被拿走了。碧云补充说，绣架上原还有一卷备用的，也一并丢了。

阿满突然插嘴道：“我说你们也太小气了，这些线能用多少金子，也值得这么大费周章，我瞧着，年节里老爷太太赏我的金锞子就比这线重。”

碧云翻了个白眼，骂道：“你懂什么，这次的线是专门做的，比平日里用的粗，色泽也更亮。重新再做少不了要多费不少工夫，耽误了日子可不得了了。再说，你能保证每次做的线都一样，万一有些个差池，像补丁那般难看，我们姑娘定是不依的。”阿满虽然习惯了和小丫头斗嘴取笑，可没想到碧云如此这般厉害，而且也无半分取乐之意，便识趣地闭了嘴，悻悻退到边上。

就在两人拌嘴的工夫，王小奇发现了绣架边上有一片沾着少量泥的脚印，赶忙让众人站开，保护现场，自己则跪在地上仔细观察起这些脚印。这些脚印凌乱地环绕在绣架周围，可以看出脚印的主人在绣架周围徘徊过一阵子；脚印有两列，一直穿过房门延伸到角门，盗贼应该就是趁四下无人，门户未闭时潜入的；屋外的窗台

下也有脚印，想来这贼还有几分谨慎，确定了屋内没人才登堂入室；最重要的是，这些脚印的形状很奇怪，每个都有两道明显的痕迹，且两道痕迹相互平行。王小奇双手手指交叉，垫在下巴底下，这是他思考时的标准姿势。他在脑海中拼命搜寻有关脚印的资料，终于，在众人灼灼的目光中，王小奇想到了，“木屐！是木屐！”王小奇随即转向王小妙：“小妙，你历史好，快告诉我穿木屐的都是哪里人？”

“这个嘛，我记得《红楼梦》里下大雪的时候贾宝玉就穿过木屐……日本人也穿木屐……其他的……”

“琉球人！”碧云突然插话，把正在“头脑风暴”的王小奇吓了一激灵，“我家小姐以前生活在福宁府，见过来做生意的琉球人，他们都穿木屐。”

“福宁府，在福建？离这儿十万八千里的，他们跑来这儿干吗？穿着木屐也不嫌累。”王小奇撇撇嘴，一副不愿相信的样子。

“哎！我知道了，准是琉球朝贡的使团。我听外头的人说他们这几天停留在南京休整，拜会官员，好像连咱老爷也见过了。”阿满到底是男孩子，能随意出门，小道消息倍儿清楚。感受到众人惊讶和赞许混合的目光后，刚才被怼得哑口无言的阿满瞬间来了精神，趁势显摆起来：“我昨天去帮太太买热糕的时候，碰到了我一个在客栈当班的兄弟，他也出来替客人跑腿，神神秘秘地告诉我他们那儿住了一帮外国佬，说是琉球使团，小气得很，说起

话来同鸟叫一样，但还不如鹦哥好听，哈哈哈哈哈！”

王小奇听了，两眼放光，三步并作两步蹿到阿满面前，郑重地和他握了握手，说：“没想到你是不鸣则已，一鸣惊人，一下子就让本案有了突破性进展，请问你可否带我们去见见你的朋友？请他帮忙排查琉球人的情况，拜托了。”面对王小奇突如其来的“冠冕堂皇”，阿满的脸僵硬了一下，但随即展开笑容，因为他虽然不能完全听懂王小奇口里那些奇怪的字眼，但是王小奇严肃恭敬的语气让他很是受用，爽快地应承下来：“没问题，小事一桩，包在小的身上。”

几人说走就走，阿满在前面雄赳赳气昂昂地带路，不一会儿就到了客栈。里头的一个小伙计迎出来，阿满瞧见马上走过去，两人搂肩搭背，叽叽咕咕说了好多话，随后那伙计朝几人使了个眼神，领着他们走到厨房边，压低了声音说："要说嫌犯，我还确实知道一个。是个牵马的，之前我同他打招呼他都会答应，虽然时常摆点威风架子但也算是个好人。唯独今天早上，我刚擦完桌子，顶头看见他走进来，我便朝他说了声'早'，哪知道他头也不抬，还加快了脚步，两只手揣在袖子里，瑟瑟缩缩的，一看就没干好事。"

"那你能带我们去他的房间吗？如果是他偷的，那金线一定就藏在他的房间里。"眼看破案在即，慕华激动得手舞足蹈起来。伙计瞅着眼前这个黄头发蓝眼睛的女孩，心下暗暗纳罕：自己从小就在客栈里工作，见过的形形色色的人没有上万也有上千，却从不知道还有这般奇异的样貌，不觉呆住了。阿满悄悄掐了他一把，伙计吃痛，方恍过神来，开口道：“呃……这样不太好吧，我也就是……就是个猜测。还有，他们老爷上午就匆匆忙忙带他们出门去了，还未归，想来是有什么要紧事，这……人不在，也没个对证。”

“一个小偷你们还这么护着，真是收容脏东西。”慕华撇撇嘴。“是藏污纳垢。”王小妙适时纠正。

“我就是个普通伙计，又不是捕快，再说，你们也没证据呐。”

“怎么没证据，那些脚印还留在织造府呢，不信你跟我们回去看。”

“就是要让我们进去找到赃物，来

个人赃俱获，你们老板说不定还夸奖你呢。”

“但要是没找到，他反咬一口说咱们是小偷，那才叫百口莫辩呢。”

“那织造大人问起来就说是你不让我们找金线，哼！”

“和我有什么关系？你们也不能这么空口白牙诬陷我！”伙计委屈地申辩。

……

三人越争辩越生气，王小妙、慕华气喘吁吁，胸膛急促地上下起伏，伙计则脸红脖子粗。只是谁也没注意到王小奇和杰瑞早已消失在走廊的尽头。

就在剑拔弩张的关键时刻，王小奇和杰瑞的出现成功地让所有人都安静了下来——杰瑞端端正正地坐在王小奇脚边，兴奋地摇着尾巴，嘴里叼着一大卷金灿灿的东西，王小奇手里也捧着一卷，不是别的，就是金线，那两卷为马面裙定制的金线！

“咳咳……”王小奇在众人惊异的目光中开口，讲述他的“伟大历程”，“在你们这些普通人忙着吵架的时候，我，‘大侦探’王小奇，潜入后院，凭借我的智慧——”“嗷！”杰瑞突然生气地用头撞了一下王小奇的脚腕，仿佛在提醒他不要忘了自己的功劳。王小奇摸摸鼻子，“当然啊，咱们杰瑞也尽了一份‘绵薄之力’。我们找到了下人住的房间，里面正好无人。我趴在窗户上仔细观察，发现一只没关好、上面还盖了几件皱巴巴的衣物的小藤箱十分可疑。我就请杰瑞从窗户翻了

进去，在我的指导下，杰瑞三下五除二就发现金线完好无损地在里面待着。而且，我一步都没踏进，绝无私闯的罪过。怎么样？本侦探厉害吧！”

“好好好，我们知道你厉害啦。”王小妙摆摆手，让王小奇停止自我表扬式阐述经过，“现在只等他回来，当面质问他。”

“对，带他到老爷那儿，好好告他一状。”伙计和王小妙终于统一了战线，而且伙计对于这种既没有让自己承担任何责任，又可以邀功的结果甚为满意，不觉对这群人好感倍增。

第五章　一波又起

傍晚时分，使臣一行人才浩浩荡荡地回到客栈，给走在最前面的使臣和几个大管事行过礼，小伙计就装作亲热地拉住那小厮，往厨房后头的角落里走去，好像要说体己话，一边走一边给王小妙、慕华递眼色，两人顺势拉住通判先生，装着楚楚可怜的样子求他帮忙。计划进行得非常顺利，几人很快在角落会合。当王小奇拿着金线最后走来时，那小厮眼里明显闪过一丝慌乱，接着就开始拼命挣扎，用“乌语”声嘶力竭地叫喊起来。还好阿满眼疾手快，用一块擦灶台的破布堵住了他的嘴，和小伙计一起死死地把他按在墙上。王小妙连忙请翻译先生告诉他，如果他愿意承认自己偷了金线，并给被牵连关了半日的碧云道歉，他们就拿了金线回去，权当不知道是谁偷的，否则就吵到使臣老爷前头，由他发落。翻译先生叽叽咕咕朝那小厮说了一阵，小厮明显安静了下来，耷拉着脑袋，可怜巴巴地说道，“我只是路过，看见院子门未关好，院内布置也与别处不同，就走进去瞧瞧。透过窗户看到了金线，觉得十分稀奇，是我不识货，以为不过是些普通线而已，也不值当什么，便顺手牵羊。不知道是织造府这么重要的东西，实在是意外，对不住各位，罪该万死。”说到后面他竟一把鼻涕一把眼泪，搓着双手不住道歉。

碧云听完，见小厮哭得可怜，金线也没有半分消损，便想大事化小小事化了，于是淡淡地说：“不管是谁家，以后不能再干这些上不了台面的勾当了。”

那小厮颤颤巍巍地连连点头称是，给碧云深深作了个揖，就头也不回地溜走了。

处理完小厮，几人捧着金线，踏着余晖，兴高采烈地往回走，夕阳打在失而复得的金线上显得格外耀眼。

大家都很高兴，旗开得胜的喜悦让谁也没有注意到，跟在最后面的碧云姑娘柳眉间笼着的那一层担忧与害怕。

不一会儿，天上飘起了雨丝，几人恰

好回到了织造府。此时员外郎大人已外出会客，众人面见了管家的大奶奶，禀明了事情的前因后果，并奉上了金线。大奶奶听了，也十分欢喜，赏赐了银钱，便命人将大家请到西边的抱厦（建筑之前或之后接建出来的小房子）用晚饭，又给三人安排了厢房过夜。

织造府的饭菜有三人见过的，也有没见过的，都鲜美异常，尤其是那一大碗碧莹莹、热腾腾的粳米饭，吃得三人酣畅淋漓。就当他们吃饱喝足，商量着明日该去何处游玩时，碧云“哐当”一声闯了进来。

“我们姑娘失踪了，我哪都找过了，底下的小丫头也问过了，整整一天，谁都没见过她，我担心，担心她……”碧云上气不接下气，一直沉着稳重的她，此刻也肉眼可见地乱了阵脚。屋外，雨噼里啪啦地打在屋瓦上，更添了一层不安的气氛。

“你先别急，坐下慢慢说。”王小妙赶紧扶碧云坐下，并指挥王小奇去倒茶。

“肯定是那起下流种子，甘老爷过去有仇家，一直未得化解。先前姑娘在南方有东南王庇护，倒也还算安生，没想到这次姑娘一个人北上，那起混蛋也追来了——咳咳咳咳……”碧云猛地灌了一口茶，呛得咳嗽起来，头发散了一缕，垂在肩上，与白日的大气庄重判若两人，“是他们，一定是他们抓走了姑娘，求你们千万救救她，要我干什么都可以。”说着就从椅子上滑下来跪倒在三人面前。

三人忙不迭地把碧云扶起来坐好，一

边发誓自己一定竭尽所能把甘姑娘找回来，一边仔细询问仇家的底细。碧云也渐渐恢复了镇定，将自己知道的都告诉了三人："那仇家姓孙，与甘老爷都在南方为官，甘老爷是两广总督，仇家是巡抚，位低一阶，两人政见不和。仇家一心想取而代之，却被甘老爷参奏降了职务，迁到广西做了个小知府，因此恨透了甘家。后来甘老爷在官场上遭人陷害，只得告老还乡，他们一定是看准了时机来落井下石。"

慕华听完，当即义愤填膺地说："那个姓孙的也太不讲理了，与甘老爷的恩怨为什么要牵连无辜的甘姑娘，甘姑娘又不是她父亲的附属品。"

说罢就拽着王小奇和王小妙要去解救

甘姑娘，替上苍完成他的福音（“也就是‘替天行道’”，王小妙默默地补充）。

王小奇见状眼疾手快拉住慕华，把她按到凳子上，耐心地解释现在下着雨，黑灯瞎火地出去，万一被当成盗贼抓了可不是闹着玩的，还是先养精蓄锐，明天一早再出门。而且哪怕找，哪怕营救也得有个目标、有个章法、有个策略。众人都觉得王小奇说得有理，慕华也只得愤愤不平地去洗漱就寝。心里有事自然是一晚上辗转反侧，好容易挨到东方露出鱼肚白，慕华就急急忙忙把伙伴们叫起来。盥漱毕，碧云指派几个小丫头端来早饭，有鸭子粥、胭脂鹅脯、几色风腌酱菜和新鲜果子，几人边吃边商量行动计划。

王小奇道：“昨日夜里我想了一会子，

按碧云姑娘所言，是孙家掳了甘姑娘，证据在哪儿？”

“这还要什么证据？除了这该死的孙家还能有谁？”碧云一听王小奇这样说有些急了，“我们老爷为人极为正派，只和那孙家下流种子是个冤家！”

“好好好，姑且就是孙家所为，他们落脚在何处？有多少家仆？我们是否得请织造府的人帮忙？”

“这……”

慕华虽然心里急得很，可是也觉得王小奇说得在理，便道：“既然没有特定的目的地，我们还是先从甘姑娘最常去的地方，看看能不能寻找到一些有用信息。”

“对！”

金陵小点虽精致，几人倒也无暇细

品，狼吞虎咽塞饱了肚子，就打起十二分精神出门去了。

作为那时世界上最为富庶的城市之一，金陵城繁华异常，城市建设也极为宏大。几人在碧云的带领下，先到了一家丝线铺，不甚繁华的街区上一座两层的小房子，临街的一面开作一个小铺子。“这是甘姑娘颇喜欢的一家店，自打来了金陵发现它后就时不时光顾，买上几卷，或绣帕子，或打络子，或做扇套，也叫首饰匠人做成绒花，取‘荣华’的好意思。”此时小店才刚刚开门，老板是个上了年纪的老妇人，坐在一把竹椅子上慢悠悠地理着一卷松花色蚕丝线。因怕三人的穿着打扮与众不同吓着老妇人，碧云自告奋勇上前行了礼，柔声问道：“嬷嬷，敢问这两日可曾

见过一个中等身量，素净打扮，说话有南方口音的姑娘来您这儿？”老妇人早就发现碧云穿着打扮不凡，忙扶起她，念叨了两句“不敢当”，又呵呵笑着说：“老身认得那位小姐，长得好生可怜，先前常来照顾我的生意，只是有些日子没见到她了。怎么特地来问这个，她可是出了什么大事吗？”

“没，没什么大事，就是姑娘早起说出门逛逛，买些玩意儿，也没说仔细去哪儿。碰巧赶上府里太太找她问话，所以才寻出来的，不打紧，不打紧。”碧云摆摆手，笑嘻嘻地答道。

“没事便好——哎，劳烦告诉你们姑娘一声，我这儿新到了一批松花色的线，都是上好的，打成络子，配桃红的汗巾子，别提多娇嫩了，你们姑娘又生得俊……”早上生意冷清，老妇人拉着碧云絮絮叨叨说起了闲话，碧云也赔笑敷衍。

小伙伴们趁机将丝线铺上上下下里里外外打量了一遍，发现并无异常，加之老妇人说话的语气、神色除了开始略有些惊讶外，还算自若。王小奇给碧云递了个眼色，碧云便推脱太太还等着，道了谢，匆匆告辞而去。

路上，心细的王小妙发现慕华眉宇间有些失望和担忧的神色，立即安慰她：“慕华，我们中国有句老话，万事开头难。第一家没线索，那就再多走几家，我们肯定可以找到甘姑娘的！”慕华先一愣，绕转过来后嘿嘿一笑，不觉为自己的急躁微微红了脸。

三人跟着碧云在大街小巷中灵活地穿梭，不一会儿，走进了一条僻静的弄堂，只有一家毛笔作坊，并无其他店铺。王小妙有些奇怪，但又怕问出来冒犯了碧云，扭捏几番，才别别扭扭地说：“碧云姐姐，你有没有走错地方呀？姑娘家的怎么会买这些东西？我听说……你们这个时代，讲究女子……无才便是德。”“哈哈哈哈哈哈，你知道的还挺多。”碧云本以为王小妙有了什么想法，谁知憋了半天竟是这么一句话不觉一乐，“但你可知，这句话是被后人曲解了的。我们姑娘说过，前朝有个大书生，叫什么，张岱，说过‘女子有才而不耀才，方为大德’，‘无才’不是没有才干，而是不炫耀才干。旧时我们甘府都认这个理，姑娘又是嫡出，小时候假充男儿教养，见过不少世面。五六岁上下，老爷和太太便请了广东最好的先生给姑娘授课，一直到十一二岁，年纪大了，为避嫌才停了学。所以我们姑娘文墨极通，诗词也好，书画刺绣更是没得说。”碧云眼睛里闪着光，话间满溢着自豪，激动得两腮红涨。三人听到甘姑娘的“光辉事迹”，对这位多才多艺的“别人家的小姐”更加心痒好奇，结识之心涨到了极点，找到她的决心愈加坚定。

说话间，几人已走到店铺前。这是一家有点年头的老作坊，招牌上“王氏制笔”的红墨已经褪色暗淡，店铺门半掩着，一个没留头的小学徒坐在门口，拿着牛骨梳，梳理毛料，脚边还放着一盆石灰水，里头还浸着不少毛料。碧云还没开口，小学徒就头也不抬地说："客人请回，师傅病了，请过两日再来。""病了？"众人心中一咯噔，还是在什么地方囚禁甘姑娘，好拙劣的借口！碧云赶忙追问："什么病啊？病了几日了？请大夫瞧过没有？要紧不要紧啊？"小学徒听了，停下手里的活计，没好气地答道："师傅前儿不小心被石灰溅了眼睛，大夫开了几帖冲洗的药，叫好生休息，做这活儿费眼睛，所以停业几天，您请回吧。"看见碧云狐疑的表情，又不耐烦地补了一句："您若是不信，就去鸡鸣寺边上的巷子里找陈大夫。"说罢，继续低下头去理毛料。四人见问不出什么，只得离去。

"碧云姑娘，除了这两处，你家姑娘还有别的去处吗？"王小妙知道旧时女子可去之处少之又少，便道：“是否在金陵或有亲眷？”

“不不不，我家姑娘在此处绝无亲眷，只是有个地方……”

“唉，都什么时候了，还支支吾吾，把知道的都告诉我们！”

“这……”碧云姑娘还是犹豫，不过事到如今，找姑娘比什么都重要，道：“方才我也说过，我家姑娘幼时是照着男孩养的，所以，有那么几次，姑娘会换上男装偷偷溜到戏班子那儿听上一二曲。不过，真的是极少的，你们可万万不能同旁人说起。”

“看戏不是挺正常一事吗？你干吗要搞得神神秘秘的。”王小奇道。

“那可不能这么说，凡事此一时彼

一时，我们那儿确实是稀松平常，他们这可是上纲上线的大事。”王小妙替碧云辩解。

“对哦，大户人家女子看戏一般都是请了相熟的戏班子来家里演，《红楼梦》里不都写着吗？”慕华道。

碧云见大家对自家姑娘的离经叛道倒也丝毫不在意，高悬的心渐渐放下。

此时，四人已走到弄堂口，便于一间茶棚子坐下，要了一壶干烘茶，并一碟处片、一碟煮栗子、一碟五香豆腐干，还从附近的挑子上买了一盘芡实糕、几只肉包子，边休息，边商量下一步计划。

王小妙道：“笔店小学徒说的话虽然逻辑连贯，但过于巧合，还须去核实一下。此外，也要在店铺打烊后悄悄跟踪一下丝线铺的老妇人，防止她在别处有同伙和房舍。”众人都称是。

“只是这戏园子，甘姑娘去的次数也不多，而且都是男装，我实在吃不准要不要去勘察？”

“那必须呀！”王小奇忙道，“对于大侦探而言，但凡可能的线索都是不容错过的，而且这地方也就本小爷能去，你们说是不是啊？”

初听，众人不觉一怔，只有碧云姑娘点头如捣蒜，转瞬也都明白：只有男孩才能进戏园！

“既然这样，大家分头行事，小奇和杰瑞去戏园子，我和慕华跟着碧云姑娘去丝线坊和陈大夫处，晚上织造府会合，分享信息。”

“OK！”

“好！”

“就这么办！”

花开两朵，各表一枝。

先说王小奇，作为一个男孩，在那个当下确实优势明显，连蹦带跑，欢脱如兔，不消一会儿就到了甘姑娘去过的戏园子。只见园子门牌颇为气派，一块大匾，颜体书“听音阁”仨字，匾下门框处悬着赤红绣芙蓉锦鸡纹样软帘，一身材细量的小徒弟立在帘旁迎来送往，一看到王小奇，刚喊了：“客……”便打住道，“这位小少爷，您知道这里面是做什么的不？”

“听戏呀！”

“对哦，听戏可得花钱！”原来小徒弟见王小奇还小，怕是蹭便宜的。

哎呀，听戏花钱那是天经地义，可是王小奇哪有啊！每个月妈妈给的零花钱都是数字转账，现在让他掏出真金白银来倒也真是万万不能了，总不能和人小徒弟说：“来个二维码吧！”王小奇顿时急得抓耳挠腮，总不能就这么被拒之门外吧。

小徒弟见状，便明白了八九分，倒也和气，说：“小爷，等带钱了再来，我们天天有好戏！”说罢，做了一个请的动作，并大声吆喝起来：“看戏看戏，今儿是王老板的三打白骨精，王老板身手好，单筋斗就能连翻五十个，错过可惜啊！”可是，也不知怎的，经过的路人鲜有进园。小徒弟一遍一遍招揽，扯得嗓子生疼也无济于事。趁空档，王小奇忙问为什么大家都不待见，小徒弟丧着脸，轻声道：“王老板年

纪大了，筋斗能翻十个就不错了，五十那是年轻时。”

王小奇眼珠子一转，说：“要是我能给你招来客人，可以让我进去不？”

小徒弟原本招不来客人，是要被班主打的，现在有人主动说要干这活儿，忙不迭说：“那行啊！不过我们可说好了，没有二十个人我可不答应。”

“行！”

只见王小奇借来一个锣，抱出杰瑞在身旁，低声道：“杰瑞，好杰瑞，为了我们的破案事业，一会儿可要辛苦你一下，我说什么你就照做什么，千万千万配合一次！”杰瑞顿时明白了王小奇的鬼把戏，冲着他就愤怒地吼叫起来，可是这一吼不打紧，一众人被吸引了过来，纷纷道：

“哟，这小狗，是个什么品种？从来没见过呀！”“最近有外国使节来访，估计是他们带来的。”“这狗有意思，个子虽小，嗓门却大！”王小奇见机猛地敲响锣并叫卖起来：“走过路过不要错过，此犬乃阿兹那国神犬，不仅通人语，还能表演筋斗，王老板区区五十，此犬确有一百！”围观人等忙着问真假，王小奇便道：“只此一次，如有虚假，分文不取！来呀来呀，座位有限，要看的抓紧！”

小徒弟乖觉，忙掀起软帘，叫道：“今儿是神犬筋斗大战悟空神通，错过可惜啊！”于是，围观之人为了猎奇倒也鱼贯而入，把座位填得满满当当。

不多时，丝竹锣筝纷纷响起，年岁颇大的王老板才一亮相，众人便喝起：“翻筋

斗，翻筋斗！”王老板眉头一皱，咬牙翻了几个，只觉天旋地转，浑身发软。就要露出破绽时，杰瑞蹿到台子中央，接着鼓点，翻起筋斗。众人见状，无不叫好，也不知是哪个不顾他人死活的赖痞子居然数起数来：“一、二、三……”引得看客无不如此，可怜杰瑞为了王小奇那信口开河的一百个在台上好一顿忙活。

王小奇自知自己信口开河了，但是事到如今也只能如此这般，心想：既然已让杰瑞做了牺牲，我可得利用这个时间好好侦查一番。首先，趁大家的注意力都被杰瑞吸引，要仔细看看园子里有什么暗角。可是经王小奇一顿查找，别看园子门面轩昂，台子后面却简陋得紧。两间小矮房既是化妆间又是戏班成员的卧房，房门口的

几口大箱盛着半新不旧的头面，估计等演完了，这些箱子都得抬到戏台上安放。难怪听妈妈说过旧时这些演员的生活是非常辛苦的！

不多时，王小奇就把园子看了个遍，结果自然是一无所获，于是他忙来到台前，找小徒弟絮叨絮叨看看有什么线索。

“这位小官人，我和你打听个人！”王小奇道。

小徒弟正忙着看杰瑞翻筋斗，便敷衍道：“说，你想打听谁？”

王小奇便把碧云描述甘姑娘的样貌身量学舌一番，小徒弟一听：“你说那个女扮男装之人啊，我知道，生得很是俊俏，虽着男装，我也一眼看出是个姑娘。我这天天在门口迎来送往的，可练就了一副火眼金睛呢！”

王小奇一听，高兴极了，忙问：“你知道她在哪里吗？”

“那我如何知道？她不过来听了几次戏罢了！”

唉，可怜杰瑞在台上翻着没完没了的筋斗，王小奇这里却一无所获。

再说姑娘们。

即使不是初一十五的正日子，鸡鸣寺这座千年古刹也紫烟袅袅，人群攘攘。几人毫不费事地就从善男信女那儿问明了陈大夫诊所的具体位置，三步两跳便到了诊所前。只见陈大夫端端正正坐在书案前整理药方，一股失望油然而生，看来小学徒所言八九是真的。但为了办案的严谨性，几人以碧云为首，装作王师傅的亲眷小辈，来请教长辈的病情，以及该带些什么礼物去探望。还好清朝没有医患保密条例，陈大夫虽然奇怪，但也一五一十地描述了王师傅的病症并照例宽慰说不碍事。姑娘们挤着笑脸，道着谢，退出诊所。

此时已夕阳西下，周围的小商贩已经陆陆续续收拾东西关门歇业。几人顾不上惆怅，撒腿飞奔向丝线铺，途中甚至差点和一辆马车“亲密接触”，一行人被冲撞后的指责叫骂更是延续一路。谢天谢地，跑到街口时，刚好看见老妇人把没卖出的丝线包进布包里。几人躲在拐角伸长了脖子看着。前门上锁，老妇人去后院了。屋后升起炊烟，老妇人做饭了。楼上的烛火亮了，老妇人上楼了。王小妙、慕华和碧云继续蹲守，弯弯的大月亮渐渐爬上树梢，楼上的烛火熄灭，老妇人睡了。然而，并没有一个人出入这座房舍。

两路人马拖着疲惫饥饿的身子回到织造府，杰瑞虚弱地瘫在王小奇怀里一动不动。

第六章　意外收获

回到织造府，早已过了晚饭的时间，拨给甘姑娘的两个婆子也不知去向，想必是吃酒去了，小丫头也不在跟前。碧云一时找不到可使唤的人，也不想与那些个难缠的老嬷嬷多费口舌，只得领了小伙伴亲自去厨房碰碰运气。赶巧儿，阿满也刚到厨房不久，正在厨房里的炕上歪着，同另三个小厮吃酒闲话，看见碧云来了便招呼了两句。其中有一个大约是吃得有些醉了，嘴里便不干不净，听得碧云柳眉顿竖，狠狠瞪了他一眼，别过身去，自去架子上寻找，见有一碟炸鸡仔子和油盐炒枸杞芽，看着都是干净未动过的，便拿了下来。四人各用热茶泡了一碗剩饭，就了两碟菜，站在案板前胡乱扒拉几口，聊以果腹。话说那个轻薄的小厮，见碧云不理他又不愿在弟兄面前失了面子，于是神神秘秘地从小衣里掏出一块茜纱帕子，上面用金线绣了一朵小而精致的兰花，咧着嘴笑道："瞧着活计，定是个才貌佳人，他日来寻帕子的时候我可得好好要一笔谢礼，哈哈哈哈哈！"其他小厮只顾着喝酒，没人理会他的醉语狂话。

碧云眼尖，一眼认出那块帕子正是自家姑娘随身带的，一个箭步跨到那小厮面前，夺手抢过，厉声喝道："说！这帕子哪里来的？”那小厮已经醉眼蒙眬，猛然被一惊，瞬间呆愣在原地。碧云见状，又补了一句：“这是我们姑娘的东西，怎么会落到你这腌臜蠢物的手里。说！怎么来的？”碧云越说越气，“若是不交代明白，我即刻就去回太太，说……说你绑架了我们姑娘，存心阻碍寿礼完工，明早再去报官，让你吃不了兜着走！”

小厮吓得酒已醒了一半，举着双手，声音都打战了：“说，说，我都说，姑娘可别错怪了我。今……今早我同二爷出门，二爷去自家的铺子找薛掌柜的空档，我就趁便去边上的兴隆茶馆里看了会儿白局（南京地区民间的方言说唱），这真就是趟闲差儿，我啥也没耽误……帕子就是茶馆角落拾的，天可怜见，我真不知道这是甘姑娘的，不然一定早早奉还。”

“茶馆？我们姑娘怎么会去那种地方？全都是些臭男人！”碧云粉面露威，指着小厮的鼻子质问道。

“这，这……这我哪里知道，我就看着这帕子精致，顺手捡了回来。”小厮平白无故挨了顿骂，气得脸红脖子粗，又生怕碧云去告诉太太，忙为自己辩解，“我真没说谎，就是借我一百个胆我也不敢动甘姑娘一根毫毛呀！再说，你没跟紧你们姑娘，反而来赖我的不是，就是到太太跟前也没这个理儿！”

“你……”

王小奇、王小妙和阿满怕两个人的争吵让管家奶奶知道了不好，急忙将两人拉开。王小妙拽着碧云往房间走，到了房

内，王小妙把碧云扶到椅子上，王小奇和慕华端来茶水，碧云连喝三盅才理顺了气。王小奇此刻缓缓说道：“不管怎样，他来得正是时候，给我们提供了一个重要线索，既然那是甘姑娘随身携带的帕子，那她大概率去过兴隆茶馆。我们明天去看看，说不定就有什么发现也未可知。”碧云是个明白人，知道王小奇说得在理，便也不理论。几人早已筋疲力尽，简单洗漱后就横七竖八倒在炕上，不一会儿就呼呼睡去，一夜无话。

次日天明，几人在晨光中醒来，匆匆忙忙穿好衣服，随便抹了一把脸，就飞跑去下人的房舍里找阿满。大清早，四人一狗逃命似的穿梭在“各抱地势钩心斗角”的江宁织造府中，引得上夜的婆子频频侧目。很快，尚在睡梦中的阿满就被王小奇和杰瑞“强制开机”，迷迷瞪瞪，骂骂咧咧地同众人踏上了去兴隆茶馆的旅途。

然而，这并不是一趟愉快的旅程，昨晚应该下了雨，路面上还十分泥泞，五个小伙伴走得那叫一个提心吊胆，好几次差点当街表演“太空漫步”接“平地摔跤”，好不容易才到达目的地。此时兴隆茶馆刚开门不久，客人寥寥无几，五人大大方方地走进去，各自要了碗鸡丝面，并一壶金坛雀舌。他们一边享用早饭，一边假装不经意地向伙计打听，昨天有没有什么新奇事，昨天演了哪折戏，有没有什么女子来喝茶遗落了绣帕，自己拾到了想物归原主等。

王小奇和王小妙努力伪装着《茶馆》

中那起闲人高谈阔论的“松弛感”，生怕茶馆里有人和甘姑娘的失踪有关，自己打草惊蛇。正好没什么客人，伙计乐得清闲，就扯开了话匣子：“昨天演的是《绿牡丹》，那车本高和柳希潜正经是荒唐，作弊都快做到明面上了，还让妹妹一个女儿家代笔，羞都丢到爪哇国了。难怪两个人都娶不成媳妇，活该！你们昨天没来可是吃了大亏了，昨儿那琵琶弹得，哎哟，真是没一点儿话说——诶，来了！——您先喝口茶，我去去就来。”几个农夫人挑着担子来给茶馆送新鲜果子，伙计匆忙地出去盘点，付钱。慕华抓住机会问王小妙，伙计刚才讲的是何方神圣。王小妙摇摇头说：“我也不知道这出戏。我猜应该是评弹里的一首名曲。”

“评弹又是什么？”

“我们音乐课上介绍过，说是用吴语讲说表演，追求‘说学弹唱’，就是用琵琶或者三弦伴奏，有说有唱。表现手法可多了，什么官白、私白、表白等，当然啦，还要逗人发笑。它作为国家级非物质文化遗产，有着雅与细的美学特征，被誉为‘中国最美的声音’。它用通俗易懂的方式，既能娱乐又劝人为善，有教化社会的作用。说来我也很想见识见识传说中的吴侬软语是怎样一番风韵？”

“这还不容易，茶馆里天天傍晚都有戏听。”阿满一听王小妙想看戏，立刻来了兴致，“告诉你们吧，我听过看过的戏可比你们吃过的饭还多，这家的三弦差点意思，下午到点了，我带你们去宜顺楼。

咱们早早地去，占个靠前的座，要碗杏仁茶，哎哟喂，暖乎乎的，别提多舒坦了，还有……”

“只要我们姑娘没找着，你们谁也别想安静听戏！”碧云打断了阿满的“享受计划”，狠狠剜了他一眼，吓得阿满赶紧刹住了车，悻悻地缩了缩脖子。

说罢，碧云又换上笑脸，温柔地对王小妙和慕华说：“对不住啊，我实在是担心我家姑娘。你们放心，等姑娘平安回来，我做东，想去哪儿听戏都成。”

“那现在趁伙计还没回来，可不可以给我们讲讲那《绿牡丹》的故事？”慕华虽怕自己的问题不合时宜，但终究架不住好奇心，怯生生地说道。

“没问题。《绿牡丹》讲的是翰林沈

重结社为女婉娥择婿，先文试，以‘绿牡丹’为题，各作诗一首。其中两个败家子，柳希潜请馆师谢英代笔，车本高求妹妹车静芳捉刀，只有顾粲自己作诗。车静芳和谢英看了对方写的诗，相互看对了眼。还好沈重有点心眼，备了面试，使柳希潜和车本高作伪的事败露。乡试时，谢英和顾粲高中。最后，谢英和车静芳，顾粲和沈婉娥，结成两对佳配。这结局写得真真高明，我平日里最见不得那起儿虚头巴脑的蠢材了。”

王小妙听了，朝着王小奇咬耳朵：“看吧，还得是公平公正公开的考试有用，我劝你还是好好学习，说不定哪一天你会感谢高考呢。”

王小奇的白眼快翻到天上了。

还没等两人开始拌嘴，伙计就急步走过来，笑呵呵地说：“各位客官对不住，我继续讲。昨儿个我还真想不起来有什么齐整些的女子来过，不过倒是有件怪事：前天下午来过一个面容十分清俊的公子，我瞧着那身段样貌颇有些女儿气，想必是个娇生惯养的膏粱纨绔。他先是和一个有些年纪的爷对坐谈天，但那位爷坐了不多久就离开了，那公子便独自坐着喝茶看戏。没过多久，我看到他神色不太对，面皮发红，手也抖了，差点儿砸碎个杯子，看上去像是喝醉了。天地良心，我家卖的是茶啊，于是我想过去问问状况。可还没等我迈开步，就有一伙两三个大汉涌了进来，瞧着穿着不像是下人，但也不像大家子弟。他们口里嚷着那位公子是他们的朋友，有什么娘胎里带来的病，现在这个样子是发病了，他们正巧路过，送他回家。不由分说就架着公子走了，那公子似乎还不太愿意，踢翻了好几把绣墩（又称坐墩，是中国传统家具凳具家族中极具个性的坐具）。我觉得，你们拾的帕子便是那时他落下的也未可知，世家公子浪荡风流的多了去了，身上有些个女人物件也不稀奇。”

“还真是怪了，我还从未听过喝茶喝醉的病呢，可别是你家的茶水果子不干净。”王小奇斜睨着眼，皮笑肉不笑地哼道。

“怎么会，怎么会！客官您说笑了，我们店虽小，东西确是顶干净清爽的，您多点些尝尝，管保没一点问题。”伙计赶紧

赔笑辩解。

“不打紧，我们不过随口问问，怎么会正经难为你们。”碧云笑着缓解尴尬，“你可还记得那些大汉把公子带往哪个方向了？”

“呃……出了店门往右走了……再往后我就真不知道了，掌柜的不让我们随意走动——您要是没什么吩咐小的就先退下了。”伙计发觉这五人不好缠，含含糊糊应付了两句就抽身而逃，留下五人一狗面面相觑，不知下一步如何是好。

“公子？上了年纪的爷？手帕？”

“罕见遗传病？”

“热心的朋友？被强行带走？”

“Weird，so weird！”

第七章　似曾相识的故人

根据茶馆堂倌的描述，结合甘姑娘有着男装出行的先例，手帕确实是甘姑娘的，王小奇他们断定被大汉掳走之人一定就是甘姑娘，茶馆也就是她出现的最后地点，只是她来见的上了年纪的爷到底是何人？而且连自己的贴身丫头碧云姑娘都要瞒着，大家百思不得其解。气氛略略有些凝固。

王小奇道："既然知道甘姑娘是在这儿失踪的，那我们就从这里出发，其他问

题只要找到甘姑娘自然就会迎刃而解。”

“那倒也是！”

“而且，我已经想到了一个帮手，他在这方面可以说是天赋异禀！”王小奇得意道。

“哦？还有此人？赶紧请来！”

“不用请，他就在这儿！”说罢把目光看向杰瑞。

杰瑞顿时知道王小奇又打上了自己的主意，昨日那一百个筋斗的悲惨经历涌上心头，忙跳到王小妙的怀里呜呜咽咽委屈无比。王小妙见状表示不解，便盯着王小奇让他说出实情，王小奇只得一一道出。王小妙、慕华一听，真是气不打一处来，一边检查杰瑞的身体状况，一边把王小奇归纳为养狗失信人士，禁止他和杰瑞有任何接触。

王小奇苦着一张脸，道："昨天我也就是个失误，信口开河了一把，以后绝不会了，你们相信我！"

"一个人失信容易，想要重新获得信任可难哦！"

"这这这，我也是为了破案……"

"行了，非常时期，你说说你希望杰瑞做什么？我们先给你把把关，要是不合适杰瑞，理由再多也没用！"

"是是是，你们放心。我是这样想的，甘姑娘是在茶馆失去自由的，我们请杰瑞用它的鼻子给我们带带路。"

"这倒是个不错的主意，只是这几日下过雨，大汉掳走甘姑娘的时候应该也不会在路上拖着，我怕，我怕你家小狗嗅不

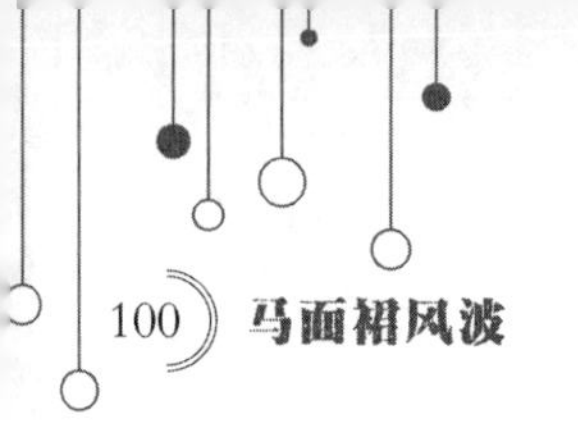

出啊！”碧云担心道。

杰瑞一听有人质疑它的能力，不乐意了，跳到碧云面前汪汪叫起来，王小妙便问：“杰瑞，你的意思是能找到？”

“汪——”一个漂亮的长音，充满自信。

王小妙也补充道：“我家杰瑞可是只神通的狗狗呢！以后有时间了，我好好同你讲它的光荣事迹，今天我们就请杰瑞带路找人。”

说干就干，碧云让杰瑞嗅了嗅手帕，道：“这是我家甘姑娘的贴身用品，你好好闻闻。”

一行人在杰瑞的带领下由市井大道转入宅院小巷，七拐八绕，终于在一个院子外停下。这院子瞅着极为朴素，金陵官宦人家常用的镂空花墙一概不见，门头也无装饰，只是围墙比寻常的高出不少。此时，正有一位颇有些年纪的爷们倚墙而立，与此同时，似乎有一点点琴声传出。这位爷一看到王小奇他们，便“咳咳咳”起来，琴声戛然而止，待咳罢，他略略转了头瞅了瞅便要离去。

“咦，这个人似乎有些眼熟啊？”碧云道。

“是织造府的人？”

“不是！让我想想……我觉得是我家甘老爷的朋友，只是那位朋友要比眼前这位年轻许多。你看这位，须发花白，身影佝偻，或许，或许是我看错了。”

碧云姑娘还在纠结自己是否看错时，杰瑞却冲了上去，咬着那爷们的裤腿不松

嘴。众人不知杰瑞是何用心，也急忙冲那人追去，一瞬间，碧云和这爷们四目相对，碧云脱口而出："张先生，怎么是你？"

第八章　还不是时候

那爷们一听有人认出自己，不觉怔住：自己来金陵城时间并不久，隐姓埋名，不与旁人接触，怎的一个小丫头会识得自己？

碧云见张先生驻足，高声起来："张先生，你忘了，我是甘……"可是话还未说完，一个琴音"当"地响起，用琴者应是发全身之力于指尖，果决又急促。张先生忙奔过去一把捂住碧云的嘴巴，并示意不要说话。

众人被这突如其来的变化刺激得大脑缺氧，同时，张先生也认出了眼前这位碧云姑娘，虽然什么也没说，目光却异样地温柔起来。他轻轻放下自己的手，客客气气作了一揖，压低嗓门道："姑娘请随我来，只是这几位……"

"这几位都是我的朋友，先生放心。"

不远处，一家简陋的客栈，张先生领着众人来到自己的房间，只见屋内除了一张木板床，几张缺胳膊少腿的旧板凳，别无他物。再见那被煤烟熏得黑黢黢的纸窗早已大洞连着小洞，还好天气尚未转冷，要是冬天，长驱直入的西北风怕是要将这屋内之人冻出个好歹。张先生舀了几碗茶来，粗瓷的碗盛着一些混汤，看得人直倒

胃口。张先生便不好意思地笑笑，道："我这地方也就只有这个了，各位将就！"

"张先生，您怎么住这儿啊？"碧云问道。

"这是个好地方，你看你们进来的时候可有人多看你们一眼？"

"那还真没有！"

"这就是个苦力落脚的地儿，他们为了有口吃食，都是玩了命地干，谁还在乎今儿隔壁住的是王五还是李六。再说苦力们也没个定数，哪有说预计可以住上多久的，有活计了便住上几日，没活儿了就卷铺盖走人。人来人往，谁都管不上谁！"

"张先生，这就是大隐隐于市吧！"王小妙道。

"这位姑娘说的是，也不是。东方朔

曾言：小隐于野大隐于市。说的是不同流合污，是一种精神境界。到我这儿啊，纯粹就是隐蔽，哈哈哈！”说罢还动手清除起头上、须上的白色装饰物，不一会儿，一个清隽的青年男子立于人前。

“我就说，张先生可没有老成那样嘛！只是张先生，您为什么要躲起来啊？”

“这……说来话长，我们以后再谈。”

“那甘老爷、夫人可好？”

“好着呢，放心吧！”

“你知道吗？我家小姐丢了！”

“我知道！”

“什么，您知道？那您知道她在哪儿吗？”

“我也知道！”

“那您赶紧带着我们去救小姐啊！”

“现在还不是时候。”

“可，可，我家小姐还好吗？”

“好呀，她不是和你说过了吗？”

“张先生，您可真能说笑，要是她同我说了，我能急成这样？”

“你再仔细想想，我捂你嘴巴的时候……”

“我知道了！”王小奇灵光一现，“那个时候有个琴音传出，是不是这就是信号？”

“这位小爷聪明，在下佩服！”张先生道，“正是正是！”

“那我再大胆推测，奏出这个音的就是甘姑娘？”

“正是！”

第九章　十个月前

东南王府

“甘老爷，此次罢黜，您委屈了！”王爷道。

“有何委屈？老夫为官多年，兢兢业业为国家为百姓，自是问心无愧。只是那吴姓奸佞之人日渐壮大，虎视眈眈，老夫却无有可为，实在遗憾。”甘老爷长叹一声。

王爷道：“本王镇守南方已经多年，几

个通商口岸管理严格，赋税也收支节度，绝少有银钱流入吴姓之地。可是，密探却屡次汇报他重金购买洋人火炮，招募青年充实军营，兵刃教习异常充沛。”

“他这是要反？”

“恐怕是有此意。”

“那这些银钱从何而来？”

“这就是本王今日想同你所谈之事！”

王爷命人展开一张地图，上面清晰标绘着通商口岸，富庶粮仓。“甘老爷请看，本王管辖的这些地方是绝无银钱问题的。那么吴姓之人所筹资金除了自己那点属地的小产出，剩下的大头应该就是这里了。”王爷边说边将手指一点。

“王爷的意思是江宁织造府？”

“江南地区甚为富足，通商口岸同琉

球、弗朗西亚商队的贸易极为繁盛，我怀疑织造府不仅给他提供银钱，还提供采买兵器的渠道。”

“可是，织造府与当今圣上幼时便有着非一般的亲密关系，织造府又何必如此行事？”

“唉，圣上一旦做了圣上，很多事情也就不一样了，我想织造府也是想明哲保身，只是用错了地方吧！”

“老夫懂了！”

“可是，我们做臣子的除了尽忠，便是保国土平安、百姓乐业，哪怕有再多艰难险阻也要做啊！”

“王爷说得甚是。只是要同圣上禀明织造府与吴姓之人的勾结，没有万全的证据是断断使不得的。”

“那是自然，本王为了收集证据，屡次派密探前往，无奈织造府家规森严，外面但凡要进一人，都需严加审核，密探皆是无功而返。这次倒是有个机会，所以同甘老爷商量。”

“同我商量？王爷言重，老夫受不起！”说罢甘老爷连忙起身作揖。

王爷扶起甘老爷道：“甘老爷请看！”王爷从袖笼里掏出一封书信，写的正是织造府请王爷推荐一个身家清白、技术娴熟的绣娘入府帮忙的内容。

“王爷的意思……”

“本王知道，甘老爷家的爱女织绣功夫了得，多年来承老爷悉心教导，知书达理，刚正不阿，甘老爷又退隐庙堂，我想趁此机会请甘小姐入织造府为我打探消息，收集证据，以期一举消灭。”

甘府

烛光摇曳，父女俩相视而坐，妇人则于一旁掩面哭泣。

“此去金陵，危险颇多，爹爹不舍啊，女儿如若改了主意，爹爹这就回了王爷，让他另觅人选。”

“王爷此举，是大义啊！我能为他做点什么，小女觉得是无上的荣耀。爹爹、娘亲，你们放心，我会多加小心，保证平平安安地回来。”

“此意已决？”

“决！”

甘老爷掏出一块玉坠，挂在女儿脖间，嘱咐道：“金陵城中有二处是王爷的暗

哨，一处是丝线铺，一处是笔坊，你只需戴着玉坠去到二地，他们自然知道该如何安排。”

第十章　原来是这样

江宁织造府

这座精美异常的园子为了迎接远道而来的甘姑娘早已安排妥当，轿子进了角门，一众婆子便围了上来，簇拥着甘姑娘来到了老太太处。

老太太：“听说你也是官宦人家的小姐，知书达理，手还这般巧，真是难得！”

“谢老太太夸奖！”

“往后在我家里住着，需要什么尽管

同我说，丫头要是不够，我再指派几个，千万别拘着。”

“多谢老太太！同我一起来的碧云服侍我久了，针线活儿上也多有得力，无需他人！只是有一点，还请老太太答应。”

“说来我听听。”

“刺绣本是伤眼伤身的活儿，我只求老太太在我累了时容我在园子里随意逛逛。”

“这个好说！只是府中常有男宾来往，注意回避便好！”

“是！”

有了老太太的首肯，家中奴仆见到甘姑娘也都见怪不怪了。年纪大的男仆远远瞅见，都早早避开，几个年纪尚小的小厮还未懂事，便上来搭讪说话，听甘姑娘讲南国奇谈轶事。几个月下来，府中事务便让甘姑娘知道个七七八八。

听音阁

甘姑娘，哦，不，今天是甘少爷第一次听戏。

台上唱的是薛仁贵征西，锣鼓喧天，热闹非常。甘少爷点了一壶碧螺春，就着瓜子，慢悠悠地听着、等着。不多时，一个须发花白的老人坐在旁边，道：“少爷这块玉好得紧，上面可有‘南’字？”

甘少爷点头，只觉身边人分外眼熟，思考片刻，指着道：“张先生？你怎如此？”

“甘少爷不也如此！”

恰是台上薛仁贵一枪挑了郭待封，众人叫好，掩盖了二人为重逢发出的笑声。

“你看郭待封一心谋私，终将害得薛仁贵败走吐蕃。”

“可不，多行不义总是害人害己。”

原来东南王在安排甘姑娘的联系人时，征求了甘老爷的意见，希望找一位和王府没有太多瓜葛又忠诚可靠的人。甘老爷推荐了张先生：“此人才智颇高，品性高洁，不为世俗浸染，来家同我论道时与小女略有碰面，想必二人见面定当顺遂！”

甘张二人故人相逢，又有一腔热血，聊得分外热络，只是一个难题横在二人之间：彼此如何传递信息？

易装出行？不是不可，只是不得过多，频则惹人注意。

丫头传递？假以他人，总有风险，并且也不及时。

如何是好？

台上胡琴如泣如诉，道尽薛仁贵的不甘、无奈、伤痛，台下看客或抹着眼泪儿，或叹着气，甘张二人则一拍桌子，满脸喜色，不约而同道："琴声！"

甘小姐道："自幼家父便教习琴技，虽不能高山流水，却也想做伯牙子期。"

张先生点头称是，二人一一商定其中奥妙。

自此，张先生每日在织造府外流连听音，不日，凭着琴声，张先生虽人身在外，织造府内动向倒也了然。根据这些情报，张先生布局设陷，捕了几个往来之人，渐渐地收集了部分织造府和吴家私通的证据。

一日，张先生如约听琴，琴声急促、

激荡，全无往日从容沉稳，并诉说着想要见面的急迫，于是就有了茶馆之约。

茶馆

“先生，我急着约你出来，是我在织造府碰到了孙家之人！”

“就是被您父亲撵去广西做知府的那家？”

“正是，而且我怀疑他们在广西早已投靠了吴家。”

“可有证据？”

“就是感觉！”

“那可不成啊！”

“我知道，所以我今天约了你！”

“姑娘何出此言？”

“那日在织造府，我被孙家偶遇，可

是从他们的神情里，我感觉他们对我是有备而来的。特别是从那以后，织造府便不让我随意走动了，连几个不及腰高的小厮都避着我，我想他们是开始怀疑我了。今日我刚出了府门，就有人盯着，先生赶紧离了我去，远远看着，如他们掳了我走，你便依着我们原本的法子，我自有手段。如若没有，大约是我感觉错了，那便是最好。”

“姑娘此举危险啊！”

张先生话音未落，只见甘少爷横眉倒竖，厉声斥道：“臭算命的，三番五次诓骗本少爷，叫我输了好些银钱，还不就此走开，否则拳头伺候！”喝罢，便对着张先生推搡起来，张先生知是姑娘保护自己，便忙悻悻地道：“休得胡言，休得胡言，老

夫号称半仙，定，定，定是没按了我的法子……”边说边退了出去。

甘姑娘斥退张先生，喝着茶听着评弹，自顾自等着孙家。果不其然，随着张先生的离去，小二上来的茶中便有了一丝异味，甘姑娘嘴角一撇，轻蔑地笑了笑，便仰起头将茶喝得一干二净。随即，一阵头晕目眩，只觉得几个大汉拖着自己……

躲在街角的张先生远远地跟着这行人，知道了他们的落脚地。

孙宅

“甘小姐，别来无恙啊！”孙知府道。

“世伯咋地用这方法请我来？”

“还不是怕请不动小姐嘛！”孙知府厚着脸皮嘿嘿地笑。

“我既然来了，那请世伯赶紧说有什么要紧事，可别误了我的绣活！”

“要紧事倒是没有，不过白请姑娘住上几日，叙叙旧！”

甘姑娘一听此话，心里便知道了八九分：他们并没有确切证据指证自己，只是这几日应该有什么动作，以防万一，要把自己诓住。于是便说：“世伯客气，住上几日我倒是乐意，烦请世伯安排一架琴，让我消遣消遣。”

孙知府见甘小姐还算配合，便道：“好办好办！”

孙家在金陵租住的院落本不大，甘小姐住下后，便以饭菜不合口，伺候之人不尽心，住所逼仄为由闹得合院不安生。原本闺房外看守的小丫头见来人不好对付，

自己又不过是被临时聘了来照看几日，便也不尽心看着，瞅着空找没人的地儿偷懒耍滑。再说孙家自广西带来的人原本也不多，绑人的大汉只是金陵街面几个泼皮，也是被雇来用几日的临时工，收了银子早就收工了，才懒得管甘小姐做点什么。翌日，甘小姐便把这宅子的空皮囊告知了张先生，并透露宅内住着一位琉球人，独占三间大厢房，门口终日有琉球浪人看守，仆妇所送吃食，一概由浪人接递，不知是何等底细，甚是神秘。

第十一章　谁都有秘密

王小奇一听琉球人，便道：“昨儿被我们抓住偷金线的也是个琉球小厮，是不是和这琉球人是一伙的？”

碧云赶忙把金线失窃案说了个明白。

张先生一听，便道：“我也纳闷，前段时间截获的密信都提到琉球有所支持，可是我细细查看，银钱货物往来一概俱无，偏偏这个时候又来了这些琉球人，他们到底是要做什么？”

“要不把那偷东西的小厮抓来问

问？”王小奇道。

“这位小兄弟懂琉球语？”

“那倒不行，不过可以让通判翻译翻译啊！”

“不不不，这位小兄弟也许不知，织造府在金陵根基深厚，此地通判多为他们的家奴。你一问话，估计人家便知道个一清二楚了！更何况，甘小姐还在姓孙的手里，万一有个差池，我如何向甘老爷交代？”

众人听了也觉得有理。

可就这样什么也不做吗？大家面面相觑，不知如何是好。

就在这时，杰瑞冲着王小奇的书包又是挠又是叫，王小奇见状，猛地一拍脑门，说：“我有办法了！妈妈为了我好好学英语，给我准备了一支翻译笔，据说可以翻译几十种语言。杰瑞，你就是这个意思吧？”

“汪——”

张先生和碧云姑娘不知什么是翻译笔，王小奇忙做了一番解释，并让慕华说上一长串英文，让他俩见识见识。虽然翻译得到底怎么样，他俩是浑然不知，可是就冲着细细一支笔便能发出人声，着实让他俩震惊，于是瞪着眼睛感叹：“世上还有这等好物？真是难以置信啊！”

说时迟那时快，王小奇一行来到琉球人落脚的客栈。跑堂的一见是熟人，很是亲热，王小奇顺势拉着跑堂咬了几句耳朵，还扯了一个慕华头上亮闪闪的塑料发卡递到他手里。小堂信见状便欢欢喜喜地

道："好，好，包在我身上。"说罢就往内屋走去。

"小奇，这个发卡很便宜，他居然喜欢？"待堂倌走后，慕华忍不住问。

"哈哈哈，你猜我怎么说的？我说这是吴利马斯国的进贡之物，全天下就这么一个，特由金发小姐带来，原本是要献给皇上的，可是现在我有要紧事求你，先给你了再说。"

"你可这够能扯的！"

"这吴利马斯国是哪儿啊？"

"吴利马斯国嘛，不就是物理马上过！你们也知道，我的物理学得实在不咋的，每次考试前我都要说物理马上过，物理马上过，你看说多了，嘴多顺啊！"

"哎哟！"

众人被王小奇逗得哄然大笑，但是心底也都佩服他的机智。

没多时，堂倌便带着琉球小厮走了出来，那小厮一看是这几位，以为是要秋后算账，扭头就走。王小奇快步向前，一把抓住他的衣领，道："别急别急，我有事要问，和金线无关。"

琉球小厮哪听得懂这些，见自己的衣领被人扯住，扭得更是厉害，那宽大的袍子尽生生扯了半幅下来。他一面拉着衣服蔽体，一面叽里咕噜嚷着，好不慌乱！

王小妙连忙掏出翻译笔，放在他耳边。随着交流越来越顺畅，他渐渐安静下来，目光中虽有疑惑，可是也愿意听听他们到底想让自己干什么。

几人移步附近茶楼。

张先生到底老成，对着琉球小厮恭恭敬敬鞠了一躬，道：“小兄弟，近日我们发现一位神秘琉球人士，被浪人看管得紧，不知何故，如有知晓，烦请告知一二！”

琉球小厮一听这话，竟砸吧砸吧滴下泪来，哽咽着说：“那位同胞叫铁村，是我的同乡。我们当地多山，常有猛兽出没，伤人损物，铁村家世代制铁，手艺极为高超，为了保护村民便研发了一些火器。这些火器设计精巧，携带方便，杀伤力又大，不多久野兽就不敢来袭了。可是，幕府的人得知后，便诓走铁村，让他大量制作。”

“难道是其他山村也有猛兽？”慕华不谙世事。

“当然不是！”琉球小厮义愤填膺。“原

本铁村也是如此认为，便带着帮手赶制了一批又一批。可是他渐渐地发现，这些火器都被运来大清，做了杀人工具，只是不知何故出了很多故障。”

张先生听罢，暗自思忖：前几次根据甘小姐的信息，自己带人破坏的火器，看样子就是这个铁村制的！

那琉球小厮继续说：“因为火器出了问题，金陵织造府似乎承受了很多压力，幕府家于是押着铁村来维修。可怜铁村本不愿意，可幕府抓了铁村一家老小，铁村无奈，只得来了大清。不过，奇怪的是，他一到金陵，就消失不见了！”

“为什么你说他不见了？难道你们之间有什么联系？”张先生听出其中的疑点。

小厮见自己失口，窘得涨红了脸不再说什么。王小奇见状连忙说："大家都是朋友，你看我们都愿意替你保守秘密，你又何必遮遮掩掩？"小厮知道王小奇又想拿金线说事，便道："偷东西确实是我的错，但是我不想永远活在别人的威胁里，还是请各位将我押给织造府吧，是死是活我都认！"说罢，脖子一梗，眼睛一闭，纹丝不动。

王小奇自知自己心急了，忙上前道歉，一干人等也都说着好话，哪想这小厮一概不听，只求赴罪。张先生细细观察，不想一个地位低微的小厮有如此义气，心里不免佩服，从中也看出这小厮和铁村之间定有深厚的感情，便道："如果我知道铁村在哪里，而且也愿意帮助铁村逃离浪

人，你可否告诉我们你们之间的秘密？”

听到张先生说知道铁村下落，小厮一怔，激动地拉着张先生的手，道：“真的知道？真的知道？”

张先生便把孙宅内的情况说了明白，小厮思索片刻，点着头道：“定是铁村！”

第十二章　还有什么不能说

时间回到铁村一行来中国的途中。

大船航行在汪洋之上，铁村忧伤地倚着围栏，他从来没想过自己会因为手艺，成为一个间接的刽子手，更没想到，自己的手艺会令家人身陷囹圄。他思考着未来：成为一个麻木的工匠，他做不到；宁死不从，妻儿老小又该如何是好？在这道似乎无解的难题中，铁村的眉头越锁越紧，阴郁布满全身。船上有个小厮见状，端着一杯茶恭恭敬敬递给铁村，道："铁村君，我叫小泽，是你的同乡，你有什么苦恼，我可否分担？”

“小泽？”

“是的！”

“小泽啊，我的苦大约是无解的吧！”铁村苦笑着。

“说说吧，万一我有办法呢！”小泽又道，“别看我年纪不大，可是往来大清也有很多次，特别是金陵，繁华异常，什么都有，或许就有解了先生哀愁的药。”

铁村见小泽说得真诚，又有那口让人无比思念的乡音，便一五一十袒露了自己的难处。说者伤心，闻者落泪，小泽感同身受，不仅替铁村难受着，也痛恨幕府平时那些见不得人的勾当，一心想着自己能为铁村做点什么。忽然，他灵光一闪，

想起自己在金陵曾经听到过一种假死药，服用之人，心跳气息全无，四十八个时辰之后，则苏醒如常。小泽将这种药一一告知铁村，道：“铁村君，如果你服了这样的药，骗过幕府，再隐姓埋名，你看可好？”

“假死药？世上真有这样的神药？”

“当然，金陵的通判大人有一次说起一个绿林大盗蒙混官府的故事，用的就是这个药！”

“如真能如此，那再好不过！小泽君，拜托了！”铁村向着小泽深深鞠躬。

茶馆

听罢小泽和铁村的故事，众人都佩服他们的深明大义，而且看似一团乱麻的谜团也渐渐清晰起来。

王小奇道："小泽，你偷金线是不是想换假死药？"

小泽一听金线二字，立刻红了脸，一再说："不该偷东西，不该偷东西！"

"哪里，偷东西肯定是不对的，但是，你这也算是盗亦有道！"

翻译笔虽然好用，可王小奇这一顿偷盗输出，翻译笔不免失误起来。小泽听得满头雾水，不免对自己的和盘托出有些懊悔。王小妙和慕华连忙请王小奇免开尊口，并安抚小泽："小奇的意思就是你做了好事！"

小泽眨巴着并不大的眼睛，对于自己偷金线的行为又变成好事的转变疑惑重重，只是既然知道铁村身处何处，最应该

做的就是救他于水火，而不是在这儿耍嘴皮子。于是，他转身看向年长又持重的张先生，道："这位先生，你可否有办法买到假死药？"

"这个自然是有的。"

"那真是太好了！请先生赶紧采买，只是恐怕我没有银钱……"小泽边说边深深地弯下了腰。

"小泽，钱的事请一定不要放在心上，我担心的是铁村哪怕拿到药也不知道是什么，又如何肯服用呢？你同铁村可有什么约定或暗号？"

"真……没有！我们下船就被接到了织造府安排的驿站。我是老爷的跟班，每天都有很多活儿，和铁村接触的时间特别少，而且，铁村没多久就不见了。"

“那还不容易，我看过一个电影，里面说到鸡毛信，让小泽写个信不就结了！”王小奇道。

张先生虽然听不懂王小奇的电影、鸡毛信是啥，但是他知道像小泽这样的小厮，不要说写信了，哪怕认识的字也是非常有限的，便对王小奇说了自己的顾虑。王小奇哪肯信，非得让翻译笔问：“小泽，你会写字吗？”

小泽脸一红，低着头道：“不会，我这样出身的人，哪有机会读书识字啊！而且，铁村君也是不识字的。”

王小奇虽然平时对读书不过尔尔，可是一看到小泽的窘迫，不觉自己有机会学习那么多东西是多么幸运，不禁抱着小泽安慰：“没事的，一定会有办法！”

“如果把小泽运进去是不是就可以了？”慕华问。

“慕华，你发什么昏，浪人不可能让小泽进去的呀！”

“要是小泽的声音呢？”

“你的意思是让小泽在院子外叫嚷？”王小奇道，“慕华呀，中国人说此地无银三百两，你这简直是裸奔！”

“当然不是，我不傻！我是想既然小泽和铁村不识字，又见不了面，只能通过声音。”

王小妙马上明白过来，道：“这个翻译笔是不是有录音功能？”

“啊呀，瞧我被这么些闹得！竟忘了我的好妈妈为了督促我的学习，给我安排的好工具啊！”说罢，对着翻译笔说：“小泽，请看我的手势，当我伸出第三根手指的时候，说‘铁村君，我是小泽，请服下假死药’！”

一旁的张先生和碧云虽然看不懂王小奇的行为，可是本来这三位就是从天而降，有着说不清的神秘，便也鼓励小泽试试。只见小泽清了清喉咙，看着王小奇的手势，道：“铁村君，我是小泽，这是我为你准备的假死药，请安心服下！”说罢，王小奇一按按钮，翻译笔里小泽的声音瞬间传出，小泽惊得不敢相信自己的耳朵，请王小奇一试再试，并颤颤巍巍地说：“我的声音是如何进去的？”

王小奇自知自己也说不清录音的原理，便说：“现在不是解释的时候，我们要想办法把药和翻译笔送进去！”

一直是个小透明的碧云挺身而出，道：“我有办法！”

第十三章　张先生的包袱

碧云是自幼服侍甘小姐的丫鬟，对甘小姐忠心不二，小姐不在身边，她的心比谁都难受。自打知道小姐在哪里，她就一心想要进孙宅，哪怕是飞蛾扑火。可是，事情一件接着一件，秘密在不停地被抽丝剥茧，她几次想提，话到嘴边又被生生咽下。现在，既然要去送东西，除了自己又有谁合适呢？打定主意，碧云道：“我有办法！而且我一定进得去，也一定要进去！”

“你倒是说说看。”

“首先，我是我家小姐的丫鬟，孙家也是知道的，这世上哪有不让自己丫鬟找小姐的理儿？其次，孙家绑了我家小姐，自然也是不想让人知道，要是发现我知道了，自然也想把我绑起来，我上门去，不就是自投罗网吗？”

“说得在理！”

“只是有一点，你去叫门，人家要是说你凭什么说甘小姐就在里面？你该如何作答？”

“这个容易。”说罢，她从怀里掏出甘小姐在茶馆遗落的帕子。原来，就当大家在忙着搞清楚事情的来龙去脉之际，碧云早就将那块帕子仔仔细细收了起来。在她看来，国之大义她不懂，离她也远着，可是自家小姐比什么都要紧，哪怕是小姐用过的东西也要紧得很。“我呀，就把帕子一甩，然后扯着嗓子嚷起来：臭不要脸的孙崽子，在茶馆绑了我家小姐，别当我不知道！”

王小奇他们都见识过碧云的泼辣，深知她这一嚷必得可以让左邻右舍热闹一番，便忙说：“张先生，我们觉得这个法子行！孙家见着帕子，自然知道碧云有了十足的把握，而且他们肯定不想弄得尽人皆知，不妨让碧云一试。”

张先生懂得主仆之间的情意，不再多说什么，带着众人回到自己那间大隐的破屋子里一一准备起来。

张先生的破屋子里东西可真不少，假胡子假头发的自不必说，一个包袱里还有各式瓷瓶，上头塞着软塞，瓶身上贴着小纸条，有写着半步睡、迷魂散这般一看就明白的，也有丹顶红、塞外明珠这样看着高深莫讳的，当然还有一瓶上赫然写着三个小字：假死药。王小奇见状，啧啧称奇，慕华则是看过一些武侠功夫片，一直有些怀疑，今日一见，居然样样当真。她兴奋地跳着脚，既想伸手，又不敢上前，直用那双蓝汪汪的大眼睛瞅着张先生。

只见张先生寻来两张白纸，一张里倒上一小撮半步睡，一张里则细细称了一小瓶盖子假死药，仔细包好交给碧云，并道："这三角包里的是半步睡，顾名思义，喝了这个药，走出半步就睡着了。不过，睡的时间不长，最多也就是喝碗凉粥的时间，而且醒来也不会觉得自己睡着过。这四角包里的是假死药，服下即可起效，任是再厉害的神医，也看不出破绽。你将两包药带进孙宅，想办法让看门的浪人服下半步睡，只要他们服下，你马上让铁村也服下假死药，与此同时，请甘小姐发信号给我！”

说罢，张先生把自己的包袱收拾妥当，塞进破床底下的隐秘处，虽然知道有双蓝眼睛在等着自己回应，可是还有很多事情需要安排，便不再多出枝蔓了。

孙宅

碧云来到门前，其余人等则在附近隐蔽好自己。

只见碧云掏出手帕，一屁股坐在门前的台阶上哭哭啼啼起来，嘴里嚷着：“姓孙的，我知道我家小姐就在里面，你快让我进去！街坊邻居，你们都替我评评理，哪有让自家小姐没人服侍的理儿啊！”这一嚷嚷，院内一阵骚动，随即门拉开一条缝，探出一双贼溜溜的眼睛。碧云一看就知道来人是孙家的马管家，便大叫起来：“马管家，你别走，我知道我家小姐在里面，有本事你立马放了她，否则我就回织造府回禀了太太，说你私扣，故意耽误小姐的刺绣！”马管家听罢，只得客客气气迎出来，赔着笑道：“是碧云呀，大家长远不见了，这厢可好？”

“好？呸！亏你说得出口，我家小姐都不见了，我能好？”

“甘小姐不见了，她上哪儿去了……”马管家故作吃惊。

“你可别装了，我家小姐不就在里面吗？”

“别，别，别，不敢胡说，你家小姐怎的在我这里？”

碧云见状，扬着手帕，高声道：“茶馆里的事不用我说出来了吧？可不少眼睛见着呢！”

马管家还想狡辩，只听院内一声干咳，马管家立马识趣地说：“好，好，好，你家小姐正院里做客呢，要不你也进来？”

“那是自然！小姐在哪儿我也必须在哪儿！”说罢，碧云抬腿就要进去，只见马管家嘿嘿一笑，示意要检查检查，碧云便把事先准备好的一个小包袱一把丢了过去，道：“都给你，让你看个够！”马管家

见状，也不便在门前多做停留，便提溜着包袱同碧云走了进去。随即，大门“砰”的一声被狠狠撞上。

主仆二人相见，分外亲热，碧云拉着甘小姐，上上下下打量着，豆大的眼泪如断了线般滴滴答答，道：“小姐可好？怎么能做那么危险的事？张先生可全对我说了！”

甘小姐听罢，也不再隐瞒什么，大致说了一些自己的志向和对这个世界的期许。碧云听得不明就里，可是她认定的是小姐要做的事，就是自己要做的。忽然，碧云一抹眼泪，说：“小姐，你看我真是欢喜傻了，我这次来可是带着任务呢！”边说，边将手探到自己的贴身里衣，掏出两个小纸包和一支小小的翻译笔，并将三者

的来龙去脉说了个明明白白。甘小姐对那两包药倒也不稀罕，唯独对着翻译笔左看右看，再三问："果然能将小泽的话留在里面？"

"千真万确！"

"我可否试试？"

"那是自然，你看，这里有个按钮，轻轻一按就行。"

甘小姐照做，果然是个琉球人的声音，至于说什么，倒是一点儿也没听懂，但是这压根不妨碍自己的惊讶："这，这也太神了！"

"是呢！要不是亲眼所见，我是断断不敢相信的，就是这么个小东西，不仅留了小泽的话，而且还是个'通判大人'。"

“要说我们不过井底之蛙呢！就知道自己人打自己人，不知天外有天！”甘小姐是个有家国情怀的人，不觉伤心起来。

“小姐，现在还不是伤心的时候，我们得依着张先生的法子救出铁村啊！”

主仆二人一一筹划起来。

晚饭时间，仆妇端着饭菜送于浪人和铁村。碧云见四下无人，将仆妇拉至一旁，说自己没见过浪人，想要替他们端饭顺道过去瞧瞧。这些仆妇本是临时雇佣之人，并不忠心，再者这些浪人平日里极其凶悍，略有不满，便拳脚相向，这时有人愿意替自己做活儿，哪有不愿之理？只是交代一句：“小心！”便一溜烟走了个没影。

碧云掏出小三角包，将药粉均匀撒入粥中，只见药粉瞬间溶解，痕迹均无。待

端到浪人面前，他们见今日换了仆妇，是个青春少女，便不怀好意地笑着，接过粥碗大口喝了起来，边喝边不住地盯着碧云看，眼神里满是邪恶。可是，说时迟那时快，粥未喝完，浪人“哐当”一声倒地不起。

碧云知药效，忙跨步冲到内间，只见一个细瘦精干的人立于其间，碧云学着小泽叫了一声：“铁村君！”铁村满是疑惑地盯着碧云，说了句：“你是谁？你认识我？”可是，碧云哪听得懂他说什么，只能竖起食指在嘴上“嘘”了一声，旋即，掏出翻译笔，播放小泽的声音。铁村听到小泽的乡音，激动得“扑通”一声跪了下来，泣不成声。被关押的日子里，他想过无数的结局，可是唯独没想到那个同船的小老乡居然如此言之有信，而且会用这样神奇的东西来告诉自己。碧云见状，扶起铁村，掏出那个小四角包，只见铁村毫不犹豫地吞下那些药粉，便倒在地上，果然气息全无。

碧云见皆如张先生所说，就赶紧退了出来，一溜烟跑回甘小姐身边，远远盯着。不多时，浪人醒来，见饭食摆于桌上，只觉好奇：未曾见仆妇来过。可是，这好奇来得不过一瞬，他们便发现铁村倒在地上，一摸，身体正渐渐凉去！浪人慌张地跑了出来，叫唤着孙家的人。

甘小姐见状则不紧不慢地弹起琴来……

第十四章　尾声

孙家正忙乱成一锅粥的时候，院外传来阵阵虎撑（游医行医的标志）的声音，看热闹不嫌事大的碧云跑到马管家边上，拉拉衣袖，道：“马管家，赶紧找个大夫来看看！你听，外面有虎撑响，肯定有郎中路过！”

马管家一听有理，连忙向老爷献计。孙家此次前来，是要带着铁村回南边去的，现在人偏偏在自己这里出了事，叫自己如何交代？何不趁浪人都在，第一时间进行救治，有个回转自然是好，万一真的就这样一命呜呼，自己也算是说得清楚！于是，赶紧说："快请！"

"郎中，请进来说话。家里一人忽地倒地，烦请救治！"

你道郎中是谁？

嘿，还能有谁？自然是张先生！

张先生靠近铁村，用手一探鼻息，故作吃惊，喊道："不得了，不得了，我就是一郎中，治得了病，如何治得这死人！"边说边退将出来，又道："我可得报了官府，请了仵作查验查验！"孙家知道铁村本是偷运入清的人，一旦闹腾起来，自己吃不了兜着走，便给管家使了眼色。马管家领会，拉着张先生一旁细说："这是家里的客人，突发疾病，就这么一命呜呼了，郎中好生心疼主家！”说着还硬邦邦挤出几滴泪来。见此，张先生便道：“我们做游医的，常年走街串巷，要说这样的事，也不是没见过。总归是谁遇到谁晦气！要我说，找个乱坟岗，趁天黑，偷偷摸摸一扔，谁又知道是谁？”

“先生有理！”

“果真是客人，不是什么见不得人的……”

“果真！”

“罢，罢，罢，我走了，就当什么也没见着！”

却说浪人见铁村是在自己看守时突发意外，郎中及时来了也无回天之力，说自己没责任吧，似乎不是，可是说自己有责任吧，似乎也不是，便直挺挺跪在地上听

候发落。孙家这时候忙着推卸，便说："俗话说，阎王注定三更死，断不留人到五更。铁村是阎王要走的人，我们自是无能为力。马管家，待天黑，好生送铁村走，大家各自安生！"浪人见状，也不愿多留，匆匆离去，至于会被自己的主人如何处置，实在是不得而知了。

天黑，马管家带着两个帮手，草草丢了铁村。当然，张先生早已安排好人，你只要丢，我就捡，而且还准备了解药。铁村这次的中国之旅，大约是终生难忘了。

要说王小奇他们，按照既定计划，早已回到织造府，将甘姑娘如何被孙家掳走之事一五一十说个明白，还特意提醒道："甘小姐的石青妆缎万字盘带修边鱼鳞褶马面裙就剩最后一个面了！"织造员外郎不听不打紧，一听是这孙家折腾的事，真真气不打一处来：先前自己花了银子买了火器送于你们吴家，不过是自己不想得罪人，偏偏你说火器无法使，还派了个姓孙的作死鬼来要个叫什么铁村的人。好不容易运了人来，又说家里的绣娘有问题，让我提防。我都提防了，又偷偷掳走，叫我里里外外不是人。这一连串的事情闹腾起来，看样子这吴姓老儿，分明是想我绝了铁帽子王的亲密，断了东南王的交情，让我只同你好，赚了江南的银子供你花销！啊呸！休想，我可没那么傻！

“来人啊！”织造员外郎一声令下，“速去孙宅，请回甘姑娘。告诉姓孙的，若甘姑娘少了一根毫毛，他的命就只能留在金陵了！”

甘姑娘的绣架边

“小奇、小妙、慕华，我非常感谢你们的帮助，我想送你们一件礼物。”甘姑娘说罢，取出那块带着“南”字的玉坠，挂在王小奇颈上，“这块玉，是我和张先生接头的暗号，现在我们不需要了，你们留着做个念想……”

博物馆影音室

“嘿嘿嘿，我们都要闭馆了，你们还睡呢？”保安的声音传来。

王小奇他们睁开眼睛，双眼略带蒙眬，道：“我们睡着了？”

“可不，睡得香着呢！呦，是你啊，前面神神秘秘说自己是大侦探，敢情侦探是来博物馆睡大觉的？”保安大叔可有一张损嘴巴。

“不好意思，不好意思，我们马上走！”王小妙见状，赶紧拉着王小奇和慕华快速离开。

回到家中，杰瑞不停扒拉王小奇的衣领，一块玉坠赫然出现，上面刻着“南”。